A BRIEF HISTORY OF THE UNIVERSE FOR CHILDREN

U0157140

宇宙简史

少年简读版 ②

庞之浩◉主 编

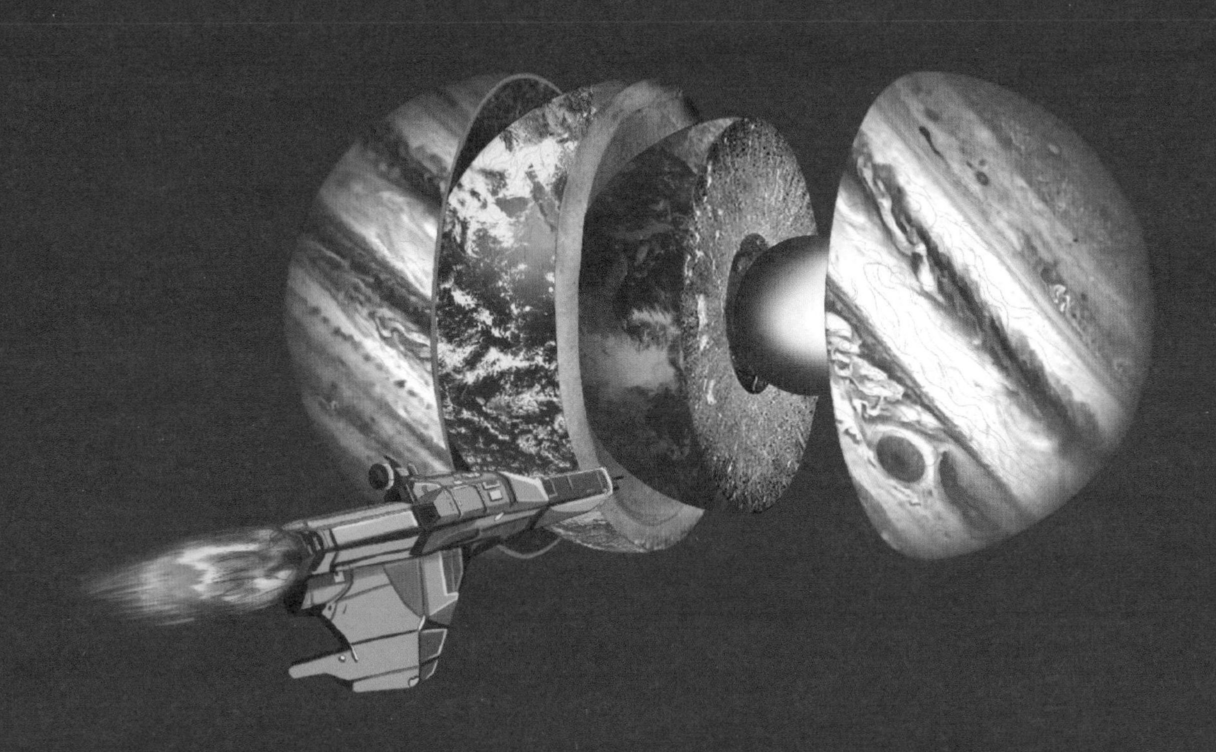

青岛出版集团 | 青岛出版社

图书在版编目（CIP）数据

宇宙简史：少年简读版. 2 / 庞之浩主编. —青岛：青岛出版社, 2024.1
ISBN 978-7-5736-1558-9

Ⅰ. ①宇… Ⅱ. ①庞… Ⅲ. ①宇宙－少年读物 Ⅳ. ① P159-49

中国国家版本馆 CIP 数据核字 (2023) 第 201093 号

YUZHOU JIANSHI （SHAONIAN JIANDU BAN）

书　　名　**宇宙简史**（少年简读版）
主　　编　庞之浩
出版发行　青岛出版社（青岛市崂山区海尔路 182 号）
本社网址　http://www.qdpub.com
责任编辑　李康康　刘　怿
封面设计　刘　帅
排　　版　青岛艺鑫制版印刷有限公司
印　　刷　青岛新华印刷有限公司
出版日期　2024 年 1 月第 1 版　2024 年 1 月第 1 次印刷
开　　本　16 开（889mm×1194mm）
印　　张　20
字　　数　400 千
书　　号　ISBN 978-7-5736-1558-9
审 图 号　GS 鲁（2023）0398 号
定　　价　136.00 元（全四册）

编校印装质量、盗版监督服务电话　4006532017　0532-68068050

前言
PREFACE

古人观察日月星辰，提出了很多关于宇宙的问题，例如：星星为什么会闪烁？月亮为什么会有圆缺？太阳为什么东升西落？

我们仰望夜空，看到银河泛着白色微光，流星划过天际。也许你还没来得及许愿，各种问题就已经在脑海中浮现：银河是怎样形成的？彗星距离我们有多远？

假如我们有一双神奇的眼睛，可以向深空眺望，从地球到月球，再穿越太阳系、银河系，抵达宇宙深处，掠过其他星系，与黑洞擦身而过，与暗物质相伴，一直延伸到更远的地方，我们就会发现宇宙的浩瀚无垠。我们所知道的太阳、月亮，我们曾经无数次听过的金星、水星和木星以及我们目光所及的几百颗恒星，只是宇宙的一部分。

“宇宙原是个无穷的有限，人类恰好是现实的虚空。”几千年来，我们从未停止过对宇宙的探索。我们所在的宇宙远比我们期待的更加深邃广阔，也比我们想象的更加绚丽多彩。这本书可以为你指明宇宙探索的路径，它用详尽的图片展示你将要去的地方，用简洁明朗的语言描述探索者一路追寻的景点。

宇宙是很多科学家的挚爱，张衡、托勒密、哥白尼、爱因斯坦、霍金等前赴后继，热情不减。

如果你想成为一名宇宙的观察者，你会怎么做？我想你一定会从地球的近处开始，然后飞向更远的远方，去探索宇宙的秘密。

目录 CONTENTS

第一章
伟大的太阳

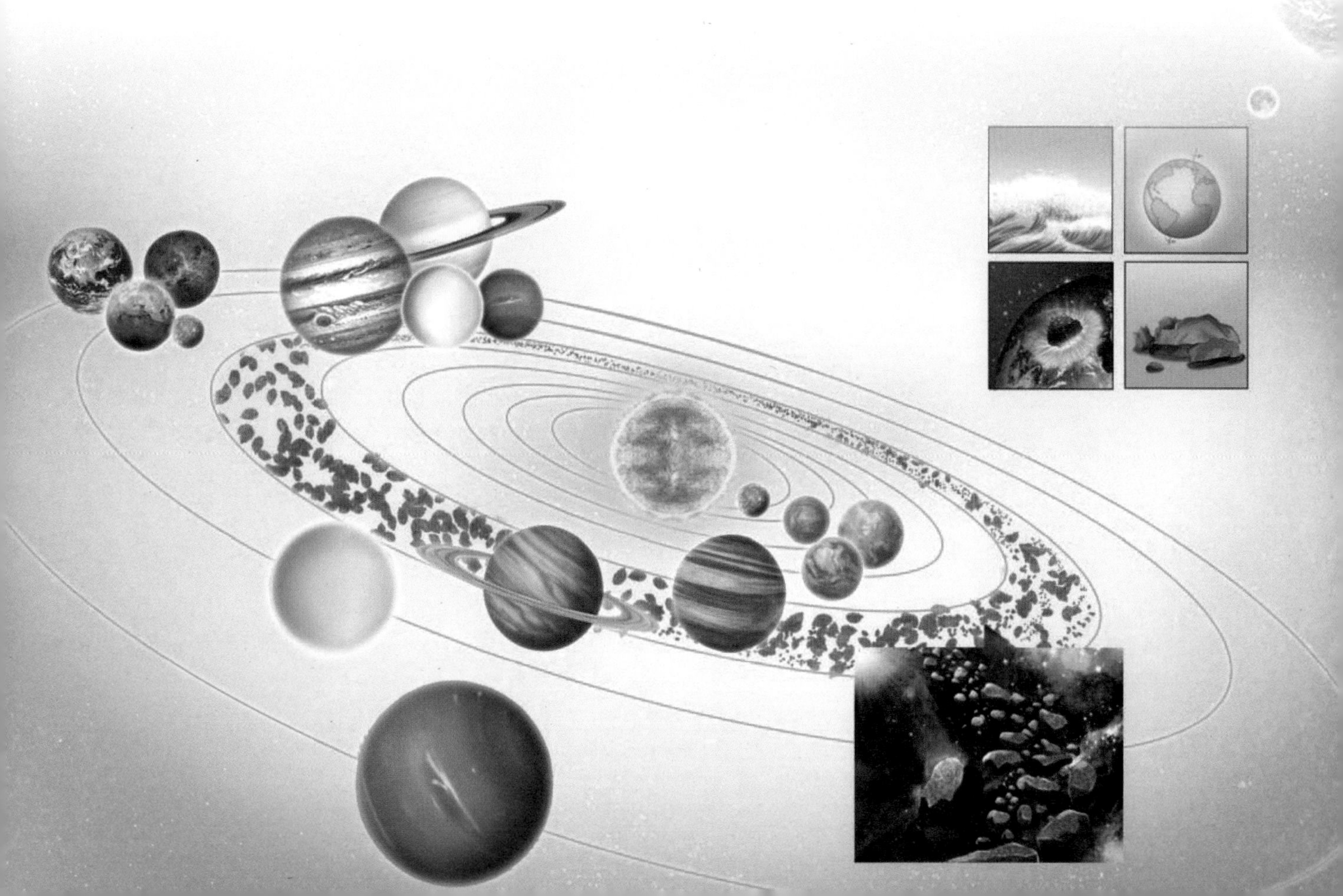

第二章
八大行星

第三章
小行星与彗星

第一章 伟大的太阳

太阳是太阳系中最核心的星体，也是与人类关系最密切的天体之一。光辉灿烂的太阳年复一年东升西落，照耀着地球上的每一寸土地。用它那无与伦比的光与热给地球带来了无穷无尽的生机与活力。古人膜拜太阳，科学家研究太阳，艺术家塑造太阳，那我们呢？

太阳系
水星
太阳
金星
木星
地球
火星
土星
天王星

太阳系

尽管太阳只是银河系中几千亿颗恒星中的一颗，但围绕太阳所形成的太阳系却因为对于生命的诞生具有重要意义而变得不平凡。太阳系位于银河系外围的一条旋臂上，中心的太阳距离银河系中心大约 3 万光年。太阳周围有我们所熟知的八大行星，它们由近及远分别为水星、金星、地球、火星、木星、土星、天王星、海王星。除此之外，还有矮行星，大量行星的卫星，小行星和星际间物质等，共同构成了太阳系。

星云说

天文学家对太阳系的形成有不同的说法。有一种观点认为：太阳系是由同一团星云产生的。在强大引力的作用下，星云逐渐收缩并聚集成一团。这个团块中心温度很高，而且不断升温，温度升高后产生了核聚变，于是太阳诞生了。太阳周围的团块之间相互碰撞融合，最终形成了太阳系。

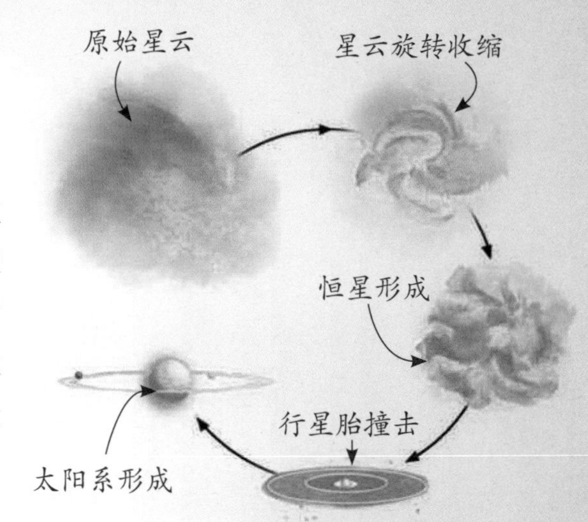

▲ 太阳系形成过程

撞击说与俘获说

并不是所有天文学家都认同星云说。还有人认为：太阳系行星的诞生是由于恒星之间的撞击。就像两块大石头相互撞击会崩裂出一些相对较大的石块和小碎屑。

还有的天文学家认为：太阳系可能是太阳“贪吃”的结果。当太阳形成后，它会俘获宇宙中的物质，让它们围绕自己旋转。太阳系中的行星就是这样被太阳“俘获”的。

▲ 恒星之间的撞击

神奇的太阳系

可以说，地球上有生命存在与太阳系在银河系中的位置有很大关系。太阳系所处的位置和银河系旋臂的运行速度让其拥有相对稳定的环境，这为生命的诞生与发展提供了条件。如果太阳系位于银河系恒星聚集的地方，那就会有大量的彗星冲入太阳系，对包括地球在内的行星产生撞击，威胁生命的生存。

太阳的演化

宇宙可能有 4 种结局：大崩塌、大撕裂、大冻结和大转变。当宇宙的覆灭来临时，太阳也一定会随之消亡。但那是一个遥远又未知的时间点。在那之前，太阳无时无刻不在影响着我们的生活，所以研究太阳的演化与性质非常重要。

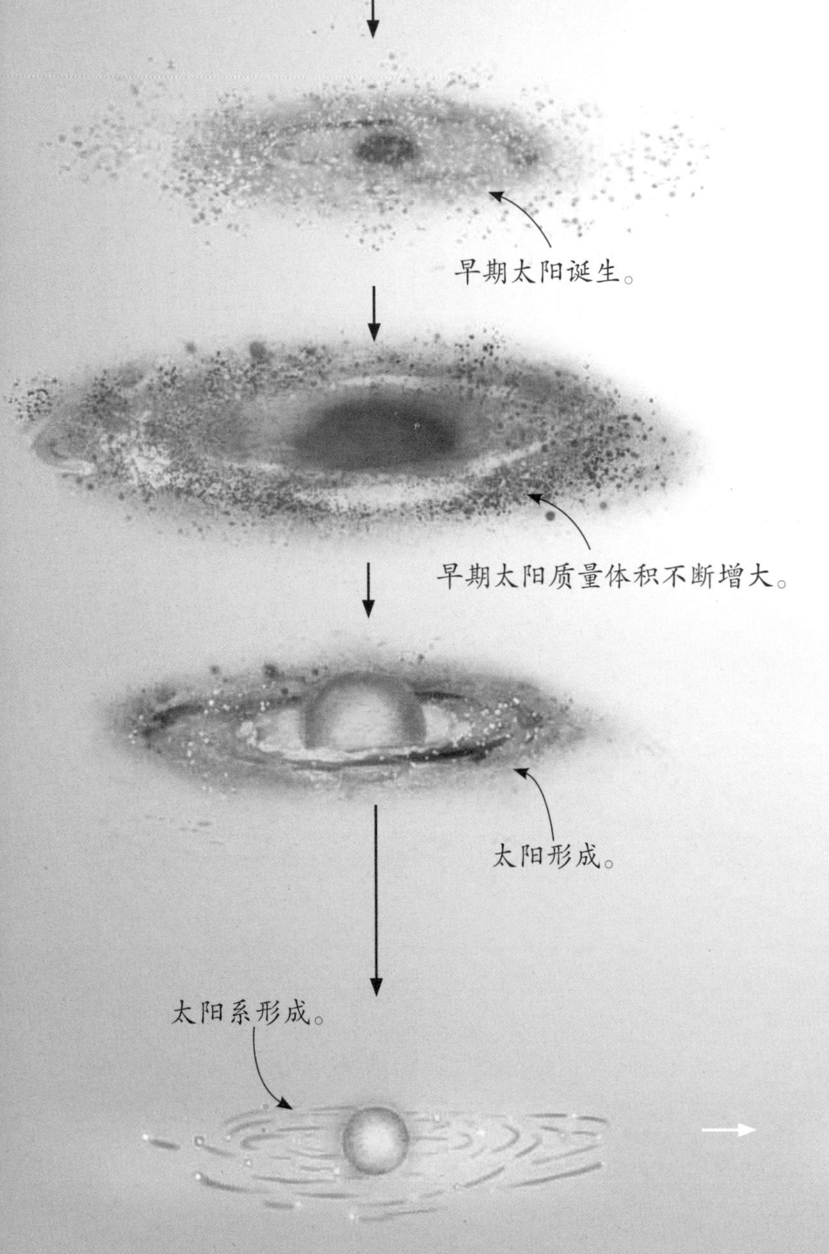

太阳的主星序阶段

天文学家认为：太阳已经存在了约 50 亿年。目前，太阳正处于主星序阶段，这个时期它内部的核聚变反应过程主要是由氢核聚变产生氦。当氢消耗殆尽的时候，太阳也就度过了主星序阶段。据测算，太阳每秒钟会消耗40多亿千克的物质来转化能量。从诞生到现在，太阳转化的物质质量已经超过了 100 个地球的质量。这种转化可以持续大约 100 亿年，目前已经过了近 50 亿年。

地球的命运

当太阳变为红巨星时，地球会怎样呢？试想那时，太阳的半径超过了现在半径的200倍，甚至达到了太阳与地球之间的距离。幸运的是：太阳在膨胀的过程中会流失自身物质，形成太阳风，将地球从它的身边推开，不会出现地球和太阳“贴脸”的情况。但也有人认为：太阳的膨胀会导致潮汐力更加巨大，使得地球解体并被太阳吞噬。

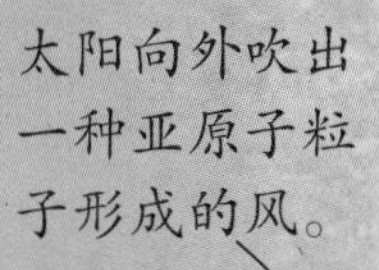

▲ 太阳吞噬地球

▼ 炽热的太阳将给地球带来灾难

逃离地球

太阳的主序星阶段还有50多亿年，太阳的光度一直在持续地提升。据测算，太阳的光度每10亿年会增加10%，而且太阳表面的温度也在缓慢上升。按照现在的情况来看，再过10亿年，地球环境将变得极其恶劣，可能会迎来一场可怕的物种大灭绝。

最后的太阳

在主序星阶段之后，太阳会演化成一颗红巨星，这个阶段是太阳的老年期。这个时候，太阳会非常不稳定，会剧烈地收缩和膨胀，膨胀时的太阳又大又亮，收缩时的太阳则会变小变暗，这将让行星系统一片混乱，附近的行星被太阳吞噬，但这只是太阳最后的挣扎。在此之后，太阳的原子核能接近枯竭，太阳核心外的物质大量剥离，最后只剩下一个很小、很密的内核——一颗白矮星。

太阳的红巨星阶段。

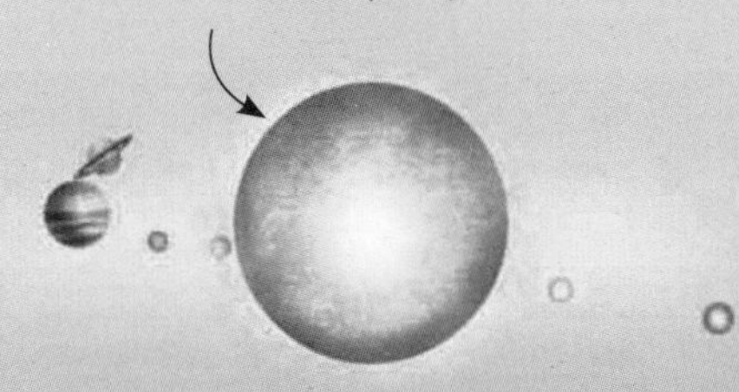

太阳的白矮星阶段。

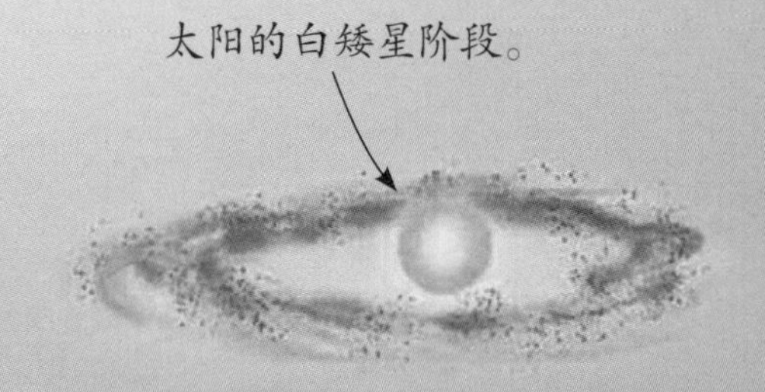

太阳系大家族

太阳系就像是一个大家族，太阳通过强大的引力吸引着地球和其他行星以及这些行星的卫星，还有众多的矮行星、流星、彗星和其他弥漫在宇宙空间中的星际物质。这一切共同构成了一个系统，共同在宇宙中遨游。

行星的分类

太阳的周围由远及近有 8 颗行星。这些行星的物质组成存在区别，有些行星是由硅酸盐石组成的，与地球相似，被称为“类地行星”。类地行星包括水星、金星、地球和火星。另一类行星主要由氢、氦、甲烷、冰等物质构成，它们的质量与半径都远大于地球，但是密度比较低，以木星为代表，所以被称为“类木行星”。类木行星包括木星、土星、天王星以及海王星。

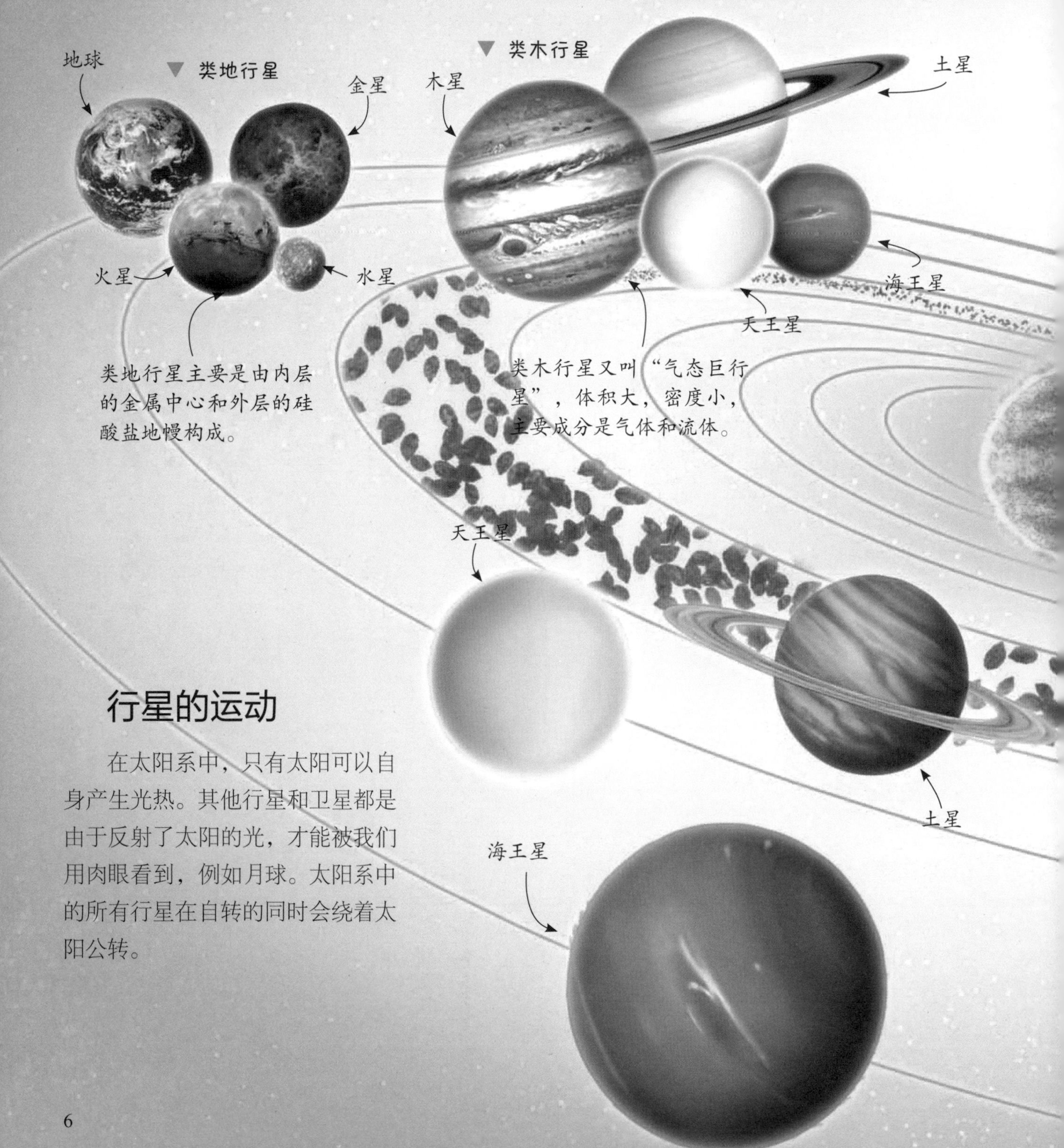

行星的运动

在太阳系中，只有太阳可以自身产生光热。其他行星和卫星都是由于反射了太阳的光，才能被我们用肉眼看到，例如月球。太阳系中的所有行星在自转的同时会绕着太阳公转。

行星与卫星

卫星对行星来说十分重要，例如月球是地球的卫星，它对地球的作用非常明显。就目前来看，太阳系的行星除了水星与金星，其他行星都拥有卫星。火星有 2 颗卫星：火卫一、火卫二；土星已被发现有 145 颗卫星；天王星有 27 颗卫星；海王星有 14 颗；木星有 92 颗。

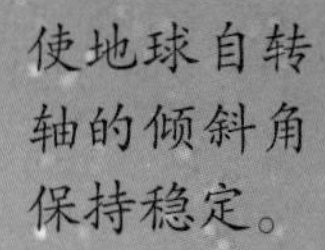

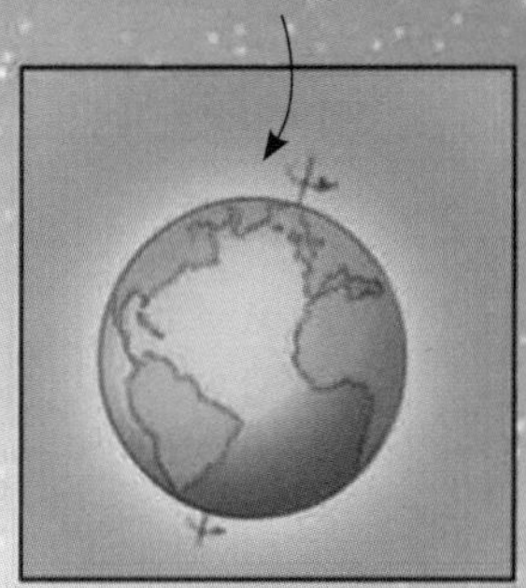

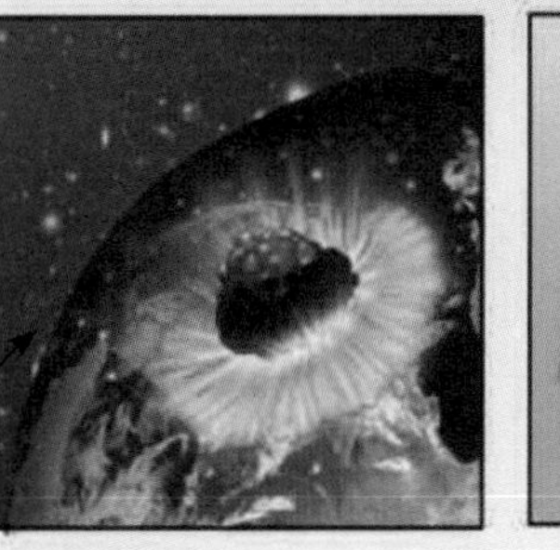

▲ 月球对地球的作用

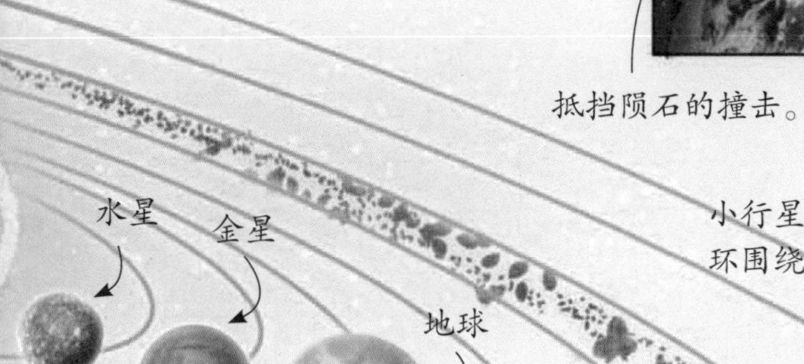

▼ 太阳系

小行星带

在太阳系中有一个小行星聚集的地带，位于火星和木星之间，这里被称为“小行星带”。这里聚集了大量的小行星，假设有小行星撞击地球，那么它极有可能是来自这里的。小行星带中的一些小行星会受到大质量恒星的引力影响，改变自身轨道，窜入其他恒星轨道之内，为这些恒星带来难以预知的危险。

▶ 小行星带

太阳的周年视运动

太阳的周年视运动简称“太阳周年运动”，它是地球围绕太阳公转的一种表现。举个例子来说，身在地球上的你能感觉到地球在运动吗？一般情况下很难，但细心的人会发现：一年当中，太阳不同季节出现的位置和所处的高度不是固定的，不同季节的同一时刻所能看到夜空中的星座也不同，这就是太阳的周年视运动现象。

赤道面
66.5°
黄道面

▲ 地球自转

黄道十二宫

在天文学上，人们把地球围绕太阳公转的轨道叫“黄道”，黄道上分布着 12 个星座，称为“黄道十二宫”。同一年中，太阳穿行星座的时间各不相同。由于地球的公转运动受到其他行星和月球等天体的引力作用，黄道面在空间的位置会产生不规则的连续变化。

五月
九月
太阳
一月

▲ 黄道十二宫

黄经与二十四节气

太阳在黄道上的位置是用黄经表示的。而我国的二十四节气正好对应这些位置。例如在北半球中纬度地区，春分日和秋分日时，太阳会从正东升起，从正西落下，这时候昼夜同样长。当春分日过去，你会发现夜越来越短。在夏至的时候，太阳上升到最高的位置，白昼达到最长。秋分过后，太阳开始南移，昼夜长短情况将发生反转。而且，南半球与北半球的表现刚好相反。

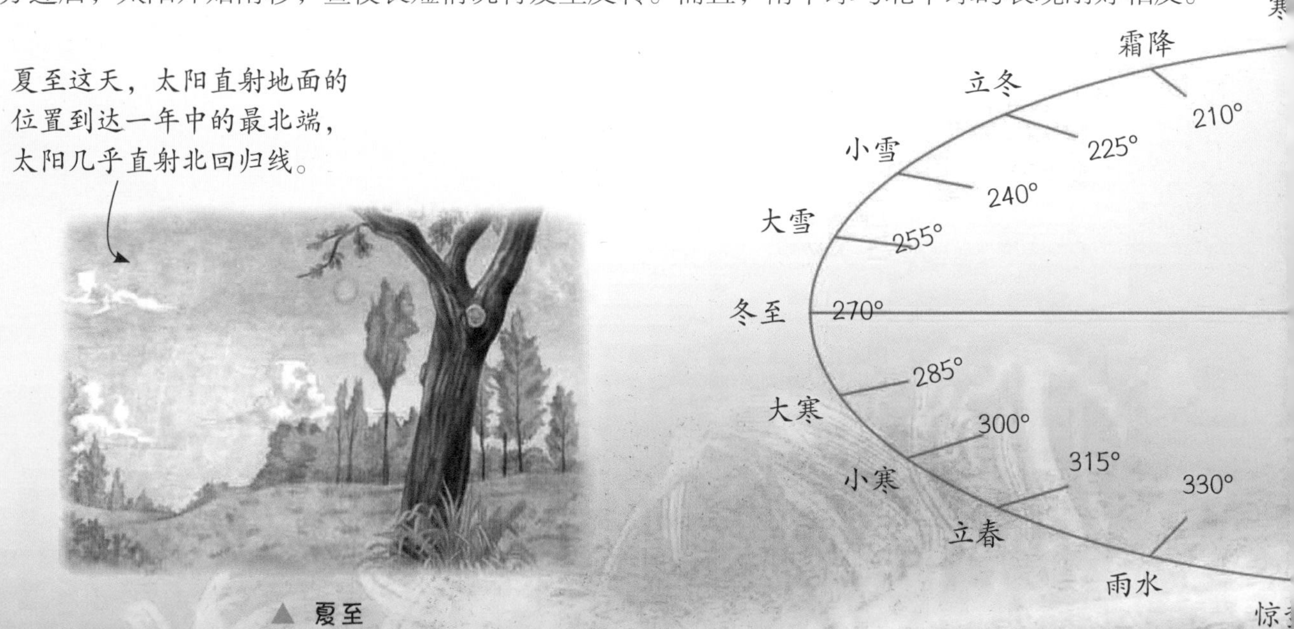

▲ 夏至

赤道与极圈

赤道和南北极圈在地球上的位置比较特殊，所以太阳直射的范围也很特殊。春分与秋分的时候，太阳在赤道的正上方。然而，在南极地区情况不太一样。从春分日到秋分日，南极地区是没有太阳的，而从秋分日到春分日，太阳则一直挂在南极地区的天上。北极地区则与南极地区相反。

二十四节气与太阳直射角度示意图

太阳漫谈

太阳是太阳系中最重要的天体，我们生活中的能量都直接或间接地来自太阳。它是人类能够诞生和存在不可或缺的因素之一，地球的生态系统完全依附于太阳运行。太阳还是人类太空研究的主要对象之一。在人类历史上，较早的神便是太阳神。“太阳崇拜”的观念古时就在中国、古印度、古埃及、古希腊和南美洲等地根深蒂固。

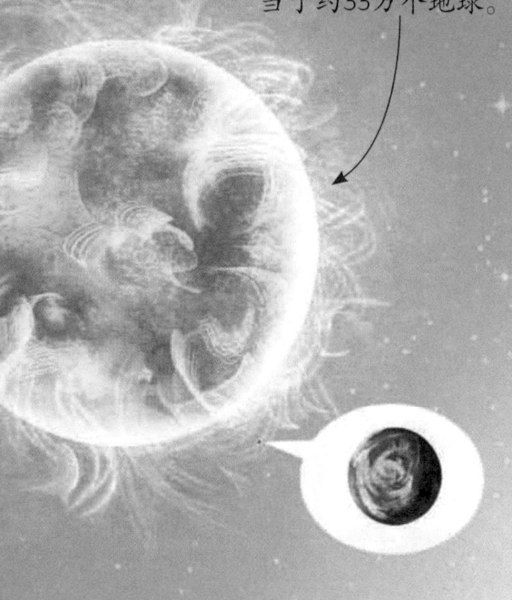

▲ 太阳与地球的大小对比

太阳的体重与大小

天文学家根据开普勒定律，推算出太阳的质量为 1.989×10^{30} 千克，它的质量几乎占了整个太阳系质量的 99.86%，说它是太阳系的主宰也毫不夸张。除此之外，人们还计算出太阳的半径约为 69.6 万千米，约为地球半径的 109 倍。据此可以推算出，太阳的体积约为地球体积的 130 万倍。太阳与地球的体积之比相当于在一个巨大的体育馆的某个角落上放着一粒花生米。

其他数据

太阳已经足够大了，但在宇宙中，像太阳这样的恒星其实很普通，比它大的恒星还有很多。当我们知道了太阳的体积和质量，就可以知道太阳的平均密度，约为 1.408×10^3 千克每立方米，这大概约是地球平均密度的 0.26 倍。除此之外，太阳表面的重力加速度为 2.74×10^4 厘米每平方秒，大约是地球表面的 28 倍。如果以此进行推断，人站在月球上体重会变轻，那么站在太阳上将会感受到比地球高出 20 多倍的体重。

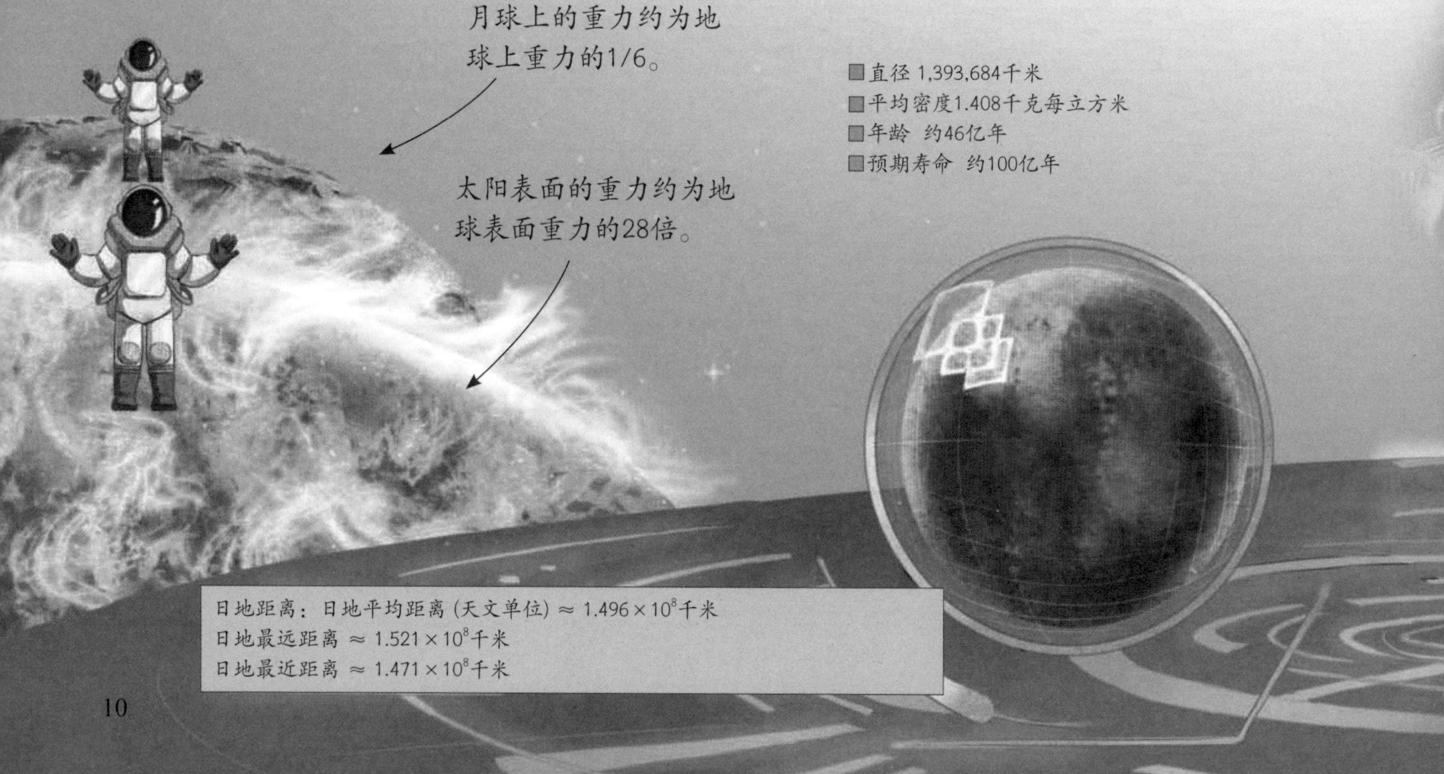

日地距离：日地平均距离（天文单位）≈ 1.496×10^8 千米
日地最远距离 ≈ 1.521×10^8 千米
日地最近距离 ≈ 1.471×10^8 千米

太阳的自转

与其他星球一样，太阳也会自转，但太阳是一个气体球，太阳在不同纬度的地方，自转的速度也不相同。观测显示：太阳自转速度最快的地方是赤道，自转周期为 25.4 天。从赤道向两极，太阳的自转速度逐渐变慢，极圈附近太阳自转周期大约是 35 天。这种由于纬度不同而导致自转周期不同的现象，被称为“较差自转”。

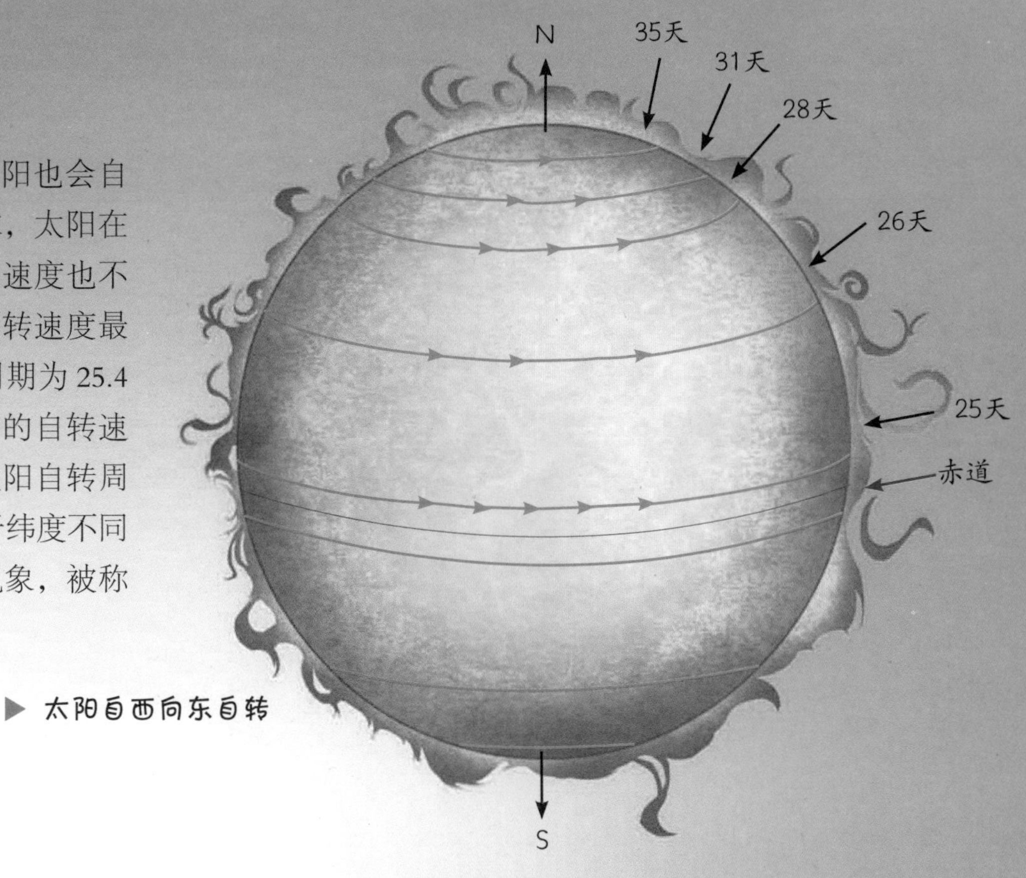

▶ 太阳自西向东自转

太阳辐射

太阳的自转会导致太阳内部物质发生能量交换。在这个过程中，太阳会不断向周围空间传递能量，这种能量被称为“辐射”，主要由电磁波和粒子流等组成。如果你感觉热就认为太阳传递给地球的能量很多，那就大错特错了。事实上，地球仅仅接受了太阳辐射总能量的 22 亿分之一。这对太阳来说微不足道的 22 亿分之一，可以支持整个地球的能量消耗。

▲ 太阳辐射的22亿分之一抵达地球

太阳的内部

你可以把太阳想象成一颗鸡蛋，只不过这颗鸡蛋是气体的。这样一来，就可以由内而外将太阳分为两大部分：一部分是太阳的内3层，即核心、辐射区、对流层；另一部分为太阳的大气层，由内而外分别是光球层、色球层、日冕层。可以说光球层是太阳内外的分界点，光球层以下被称为“太阳内部”，光球层之上被称为“太阳大气”。

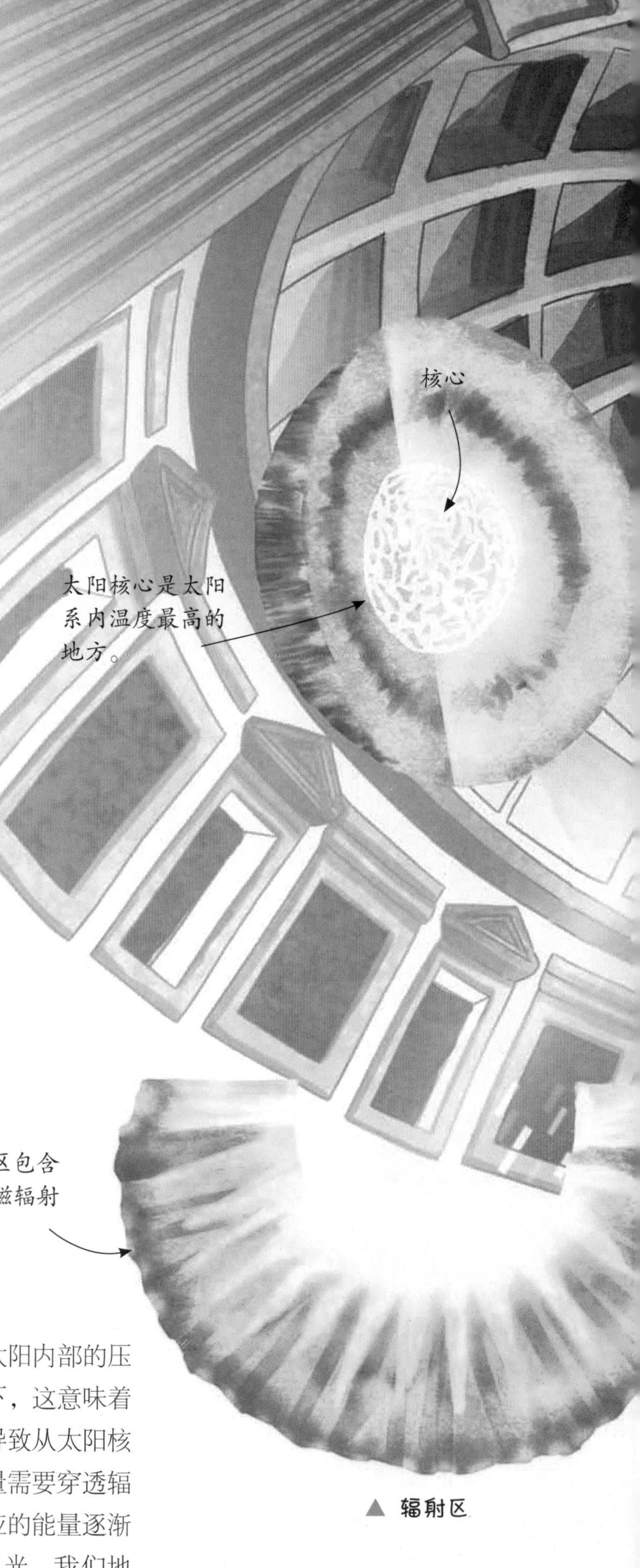

▲ 辐射区

核心

在太阳中心，不断发生氢核聚变的区域就是核心，它就像是太阳的心脏，太阳 99% 的能量都来自这里。据测算，太阳核心的温度大约 1600 万摄氏度。每秒钟，太阳内约有 7000 亿千克的氢被转化为氦，太阳发射的能量绝大多数都是由这种核聚变产生的。

辐射区

太阳的辐射区约占其体积的一半。由于太阳内部的压强极高，所以辐射区的气体也处于高温高压下，这意味着辐射区并不平静，而是在激烈地运动。这会导致从太阳核心产生的能量被辐射区的粒子来回传递，能量需要穿透辐射区，到达太阳表面。在这个过程中，核反应的能量逐渐从 X 射线、远紫外线、紫外线过渡到了可见光，我们地球吸取的正是这种能量。

对流层

在核心、辐射区之外，是太阳的对流层。它的厚度大约为十多万千米，这里的温度、压强等指标比内部小很多。但即便如此，对流层的气体仍不稳定。当能量透过辐射区到达对流层后，会以对流的方式被输送出去，这个过程比较平稳，能量不会像在辐射区那样被弹来弹去。在对流的过程中，会产生一个像气泡一样的结构，即太阳光球层中的“米粒组织”。

太阳的光球层

太阳可以分为太阳内部和太阳大气两部分，太阳的大气层由内向外分为光球层、色球层和日冕层。事实上，我们在地球上接收到的太阳能量基本是由光球层发出的，我们探测到的太阳光谱其实也就是光球层的光谱。

光球层漫谈

太阳的光球层厚度大约500千米，平均温度大约是5700开，光球层的温度由内向外是递减的，最内层约为5500开，而最外层大约是4000开。整体来说，太阳的光球层是十分明亮的，但是不同位置的光度并不相同。

光球层的光谱

太阳光谱的研究曾经困扰了天文学家很久，在利用太阳望远镜和光谱仪观测太阳光谱之后，天文学家发现：太阳光谱是一条连续的彩色光带，上面还叠加了许多暗线。后来，这些暗线被人们称为“夫琅和费谱线”。天文学家利用太阳光谱对太阳的性质、组成进行了分析，发现太阳大气中存在着90多种元素，最多的是氢元素，其次是氦元素。

太阳表面

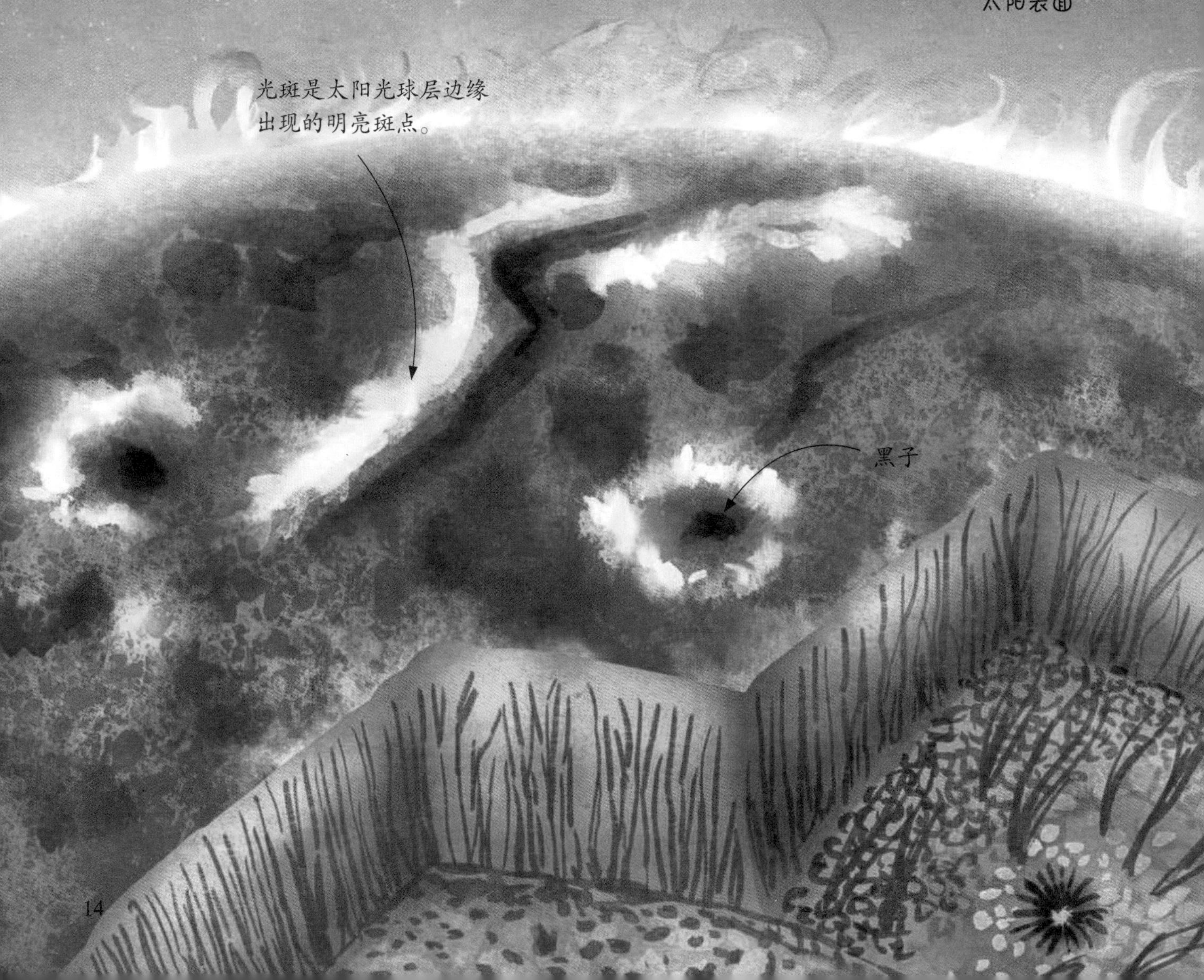

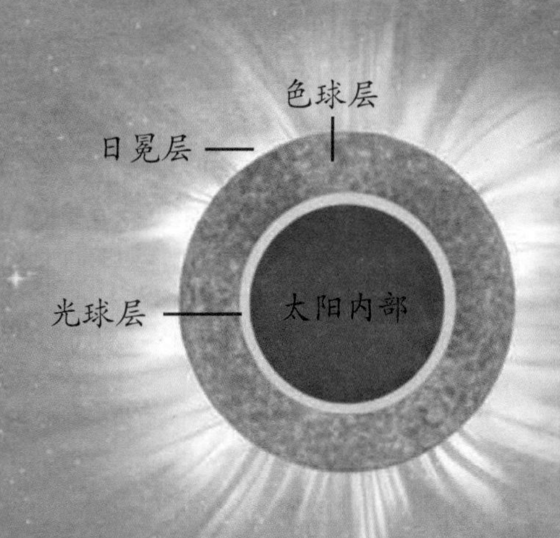

对流层上部和光球层之间剧烈的物质对流运动产生了米粒组织。

米粒组织

临边昏暗现象

临边昏暗是指太阳表面亮度由太阳中心向周围逐渐变暗的现象。简单来说，就是太阳的光球中心比光球周边明亮。光球层从里到外的温度是逐渐降低的，又由于太阳大气相对厚度的问题，因此出现了临边昏暗现象。

太阳黑子是磁场聚集的地方。

黑子

特殊区域

光球层上存在一些特殊的区域，它们的物理性质与其他部分不太相同。比如太阳黑子，它相比其他区域光度和温度都低，在观测时看起来像一块暗斑。与太阳黑子相反，太阳上也有一些光度比其他区域高的区域，这种区域被称为“光斑”。除此之外，在太阳上还有一种由于太阳大气的对流而产生的特殊结构，看起来就像米粒，被称为“米粒组织”。

太阳的日冕层与色球层

除了光球层，太阳的大气层还包括色球层与日冕层。色球层位于光球层之上，最外层是日冕层。太阳的光度基本上是由太阳的光球层提供的，而色球层与日冕层有一个共同的特点：它们都要在特殊的观测条件下才会被看到。

日冕层

日冕层是太阳大气的最外层，由高温、低密度的等离子体组成的。由于构成日冕层的气体密度非常低，所以日冕层的光度很低，大约只有光球层辐射的百万分之一。不过在日全食期间，光球层被月球遮挡，这时日冕层银白的身影可以被观察到。如果平时想要观测日冕层，则需要使用专业的日冕仪。

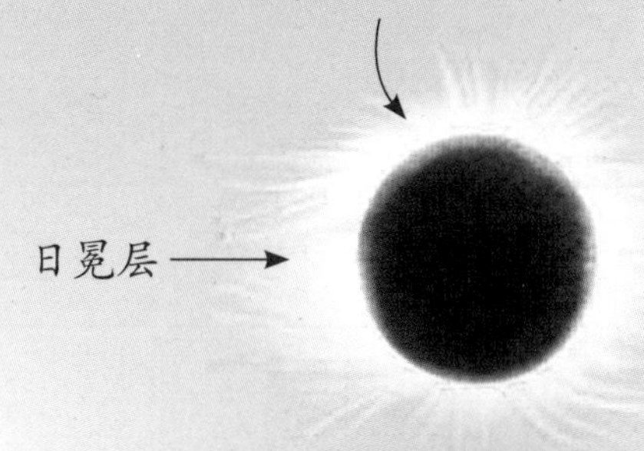

▲ 日全食

日冕层的性质

日冕层的温度极高，它发射的 X 射线比较强。日冕层上有些区域辐射的强度比周围低，温度也相对较低，有些与太阳黑子相似，它们被称为“冕洞”，面积约占总面积的 20%。日冕层的形状与太阳的活动有很大关系。太阳活动的周期约为 11 年，在太阳活动剧烈时，日冕层是近似圆形的；在太阳活动相对平静时，日冕层则是椭圆形的。

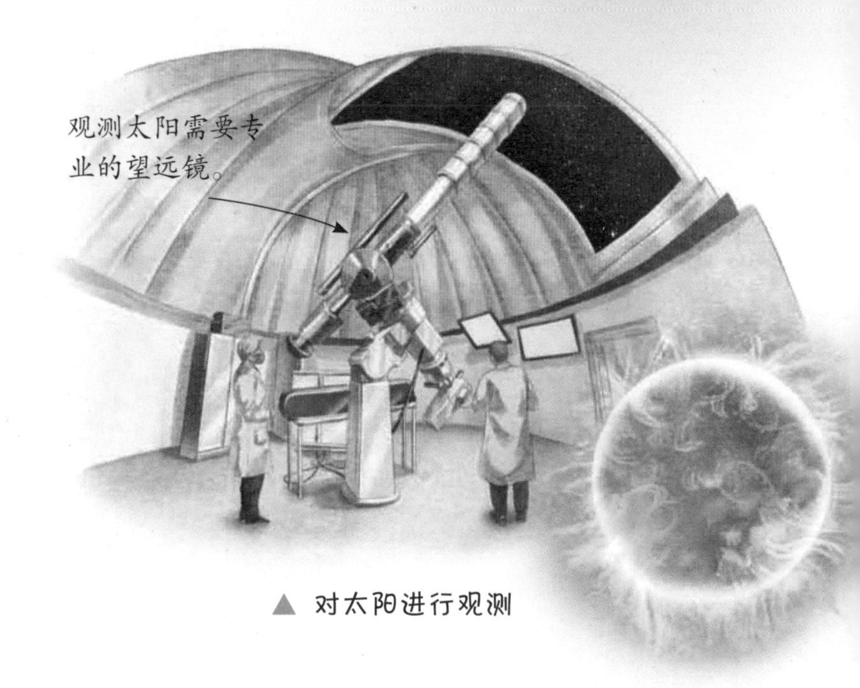

▲ 对太阳进行观测

闪光谱

想要得到太阳色球层的光谱并不是一件容易的事，日食发生的时候算是一个好时机。当月球遮挡太阳的光球层时，色球层会露出优美的弧形身姿，虽然这个时间很短，但也足以让天文学家利用光谱仪来测量它的光谱了。

▼ 太阳闪光谱

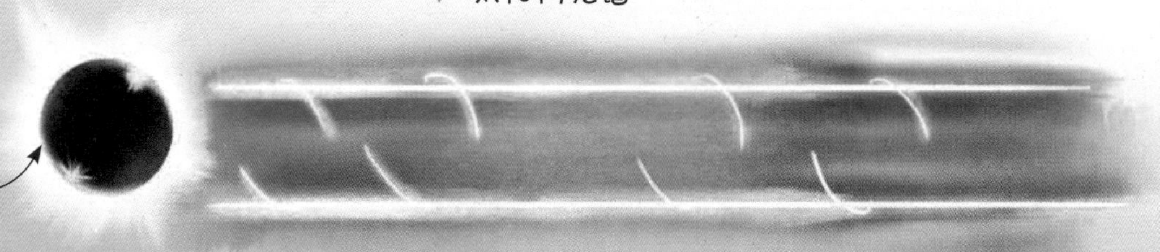

我们通常把太阳大气中温度极低层作为光球层与色球层的分界，色球层内层的温度要远低于外层。色球层所发出的可见光总量不到光球层的 1‰，所以平常很难被观察到。但是在日食发生的时候，我们会清晰地看到在太阳边缘有一圈明亮的光层，那就是太阳的色球层。

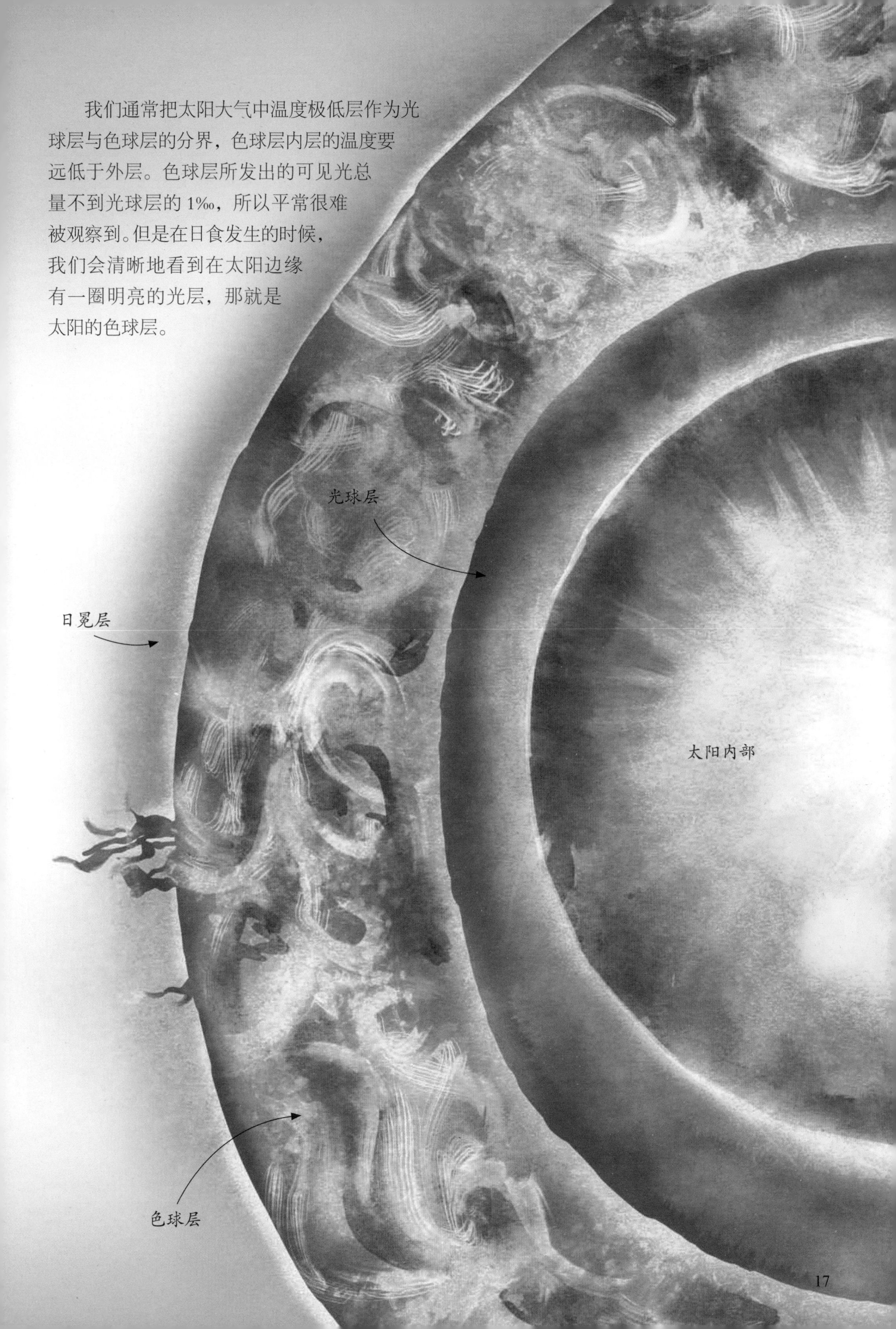

太阳风

恒星在演化过程中，会不断地向外产生一种运动的物质流，被称为“星风”。同样，太阳在演化过程中，上层的大气也会不断释放高速带电粒子流，这种粒子流被称为“太阳风”。

太阳风的密度

密度的计算公式是质量除以体积，当密度的概念放在宇宙中时，由于宇宙的浩渺，便会使得密度变得极小，太阳风的密度就是如此。通常来看，在近地星际空间中，太阳风每立方厘米只有几个到十几个粒子，而地球上每立方厘米的风中约有近 2687 亿个分子。虽然密度小，但是太阳风的猛烈程度远超普通风。地球上 21 级最强台风的风速有 84 米每秒，而太阳风有时在两天内可由 400 千米每秒增加到 800 千米每秒。

从太阳高纬度极地附近吹出的是高速太阳风。

太阳风流动时所产生的效应与空气流动十分相似。

▲ 太阳风暴

▼ 阿基米德螺线

阿基米德螺线又叫“等速螺线”。

太阳风的构成与运动

太阳风是由比原子还小的基本粒子构成的，主要包括质子和电子，还有少数是氦离子和重元素等。太阳风的产生要归因于太阳最外层的日冕层，由于日冕层温度较高，那里的气体动能较大，使得基本粒子可以摆脱太阳引力的束缚，沿着日冕层的磁力线飞向宇宙。在靠近太阳的地方，它们由内向外运动。在远离太阳的区域，太阳光线由于受太阳自转的影响，形成阿基米德螺线，此时的太阳风就伴随着螺线吹向太空。

太阳风的传播

太阳风在传播过程中，往往带有强烈的辐射。当太阳风传播至地球时，它会与地球的磁场相互作用，最终被储存在辐射带中。我们所熟知的极光现象就是由于这些粒子与地球大气层的相互作用引起的。在星际介质中，太阳风的传播过程就像是在吹一个无限放大的气球。气球的边界被认为是太阳系的外边界，被称为“日球层顶”。

地球有很强的磁场，可以抵挡大部分的太阳风。

太阳风的温度比太阳表面的温度还要高。

▲ 太阳风

太阳风带来的灾难

太阳风带有强烈辐射，对地球生物而言是百害而无一利的，我们之所以没有受到太阳风过多伤害，主要是因为地球周围遍布着磁场，它们会把太阳风阻挡在地球之外。但即便如此，仍会有一部分太阳风进入地球，对地球产生一些破坏，比如：破坏地球电离层的结构，造成无线电通信中断；影响大气臭氧层的化学变化，使地球气候出现反常等。但太阳风带来的灾难是相对于人类正常生活而言的，或许对于整个地球的生态来说，它可能又是有益的。

太阳风会引起地球的气候变化，还会对地壳产生影响，进而引发台风、火山爆发和地震。

▼ 台风来袭

▶ 火山爆发

▼ 地震

太阳黑子

在太阳光球层的表面，我们经常可以看到一些较暗的区域，这些区域被称为“太阳黑子”。太阳黑子是太阳活动中最常见的一种现象。虽然天文学家推测太阳黑子的形成与太阳磁场有密切关系，但这个观点并未得到充分证实。从目前观测来看，当太阳黑子增多的时候，太阳的其他活动也变得更加频繁。这会对地球和人类的活动产生一系列影响。因此，研究太阳黑子是非常有必要的。

太阳黑子的发现

中国是世界公认最早观测并记录太阳黑子的国家。《汉书·五行志》中就曾有记载：在成帝河平元年三月已未，“日出黄，有黑气，大如钱，居日中央”。其实，仅在正史中就有上百次关于太阳黑子的记录，这不得不让人佩服我国古人记录的完备。相比之下，西方意大利天文学家伽利略 1610 年才开始观测太阳黑子。

◀ 古今中外观测太阳黑子的方法

▼ 太阳黑子

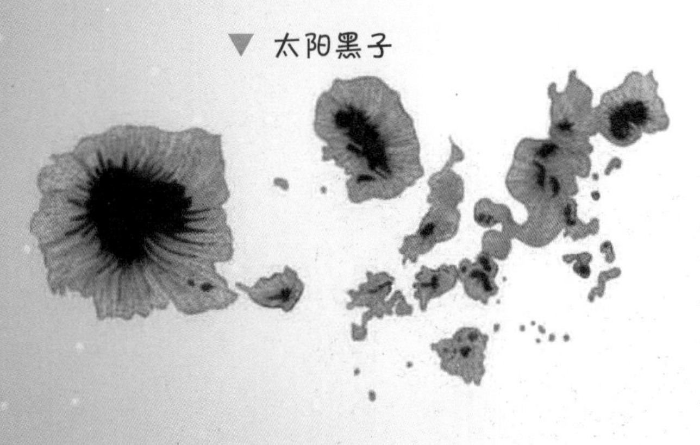

黑子漫谈

太阳黑子是磁场聚集的地方，一个中等大小的黑子差不多和地球一样大。黑子从形成到消失，会有几天到几个星期不等。黑子的温度比太阳其他区域的温度低，黑子中心一块或几块特别暗的区域叫“本影”，这里是磁场最强的地方，温度大约为 4000 开；围绕在本影周围淡黑色的区域叫“半影”，温度大约为 5400 开。

黑子群

太阳黑子通常是成群出现的。一个发展成熟的黑子群会分为前导和后随两部分，前导部分和后随部分的磁场极性通常相反，这样的黑子群被称为“双极黑子群”。不过也存在单极黑子群和多极黑子群。黑子群的成长过程是先是由一个小黑点，之后发展成为双极黑子群，随后双极黑子群逐渐增大，产生分裂，最终走向消亡。

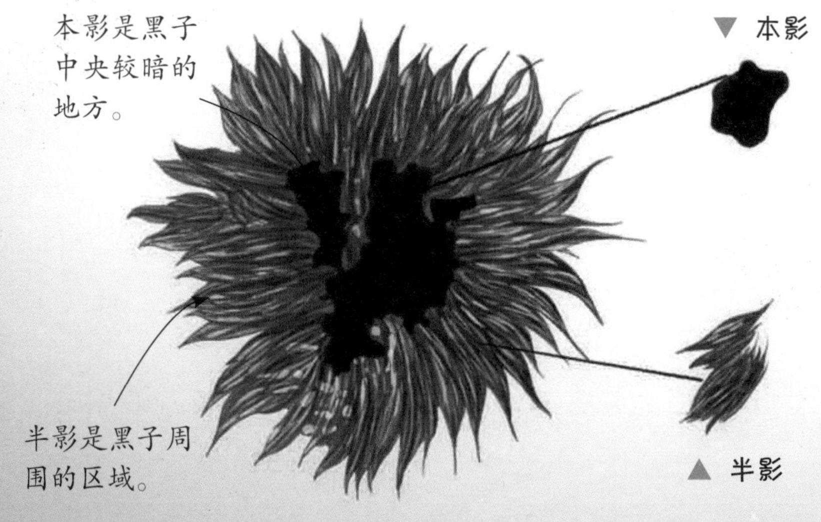

▼ 本影

▲ 半影

▲ 黑子影响人们的生活

太阳活动预报

太阳已进入第 25 个活动周期。而太阳黑子就是研究太阳活动周期性变化的重要指标。当黑子多的时候，太阳活动达到高峰期，大多数爆发活动现象也会出现在黑子上空。

太阳黑子的爆发会影响地球的磁场。比如你的手机通信信号可能会变差，暂时失去导航系统支持等。

太阳黑子活跃区域的磁场可能比地球磁场强2500倍左右。

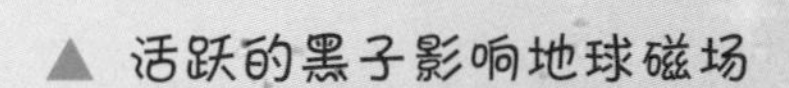

▲ 活跃的黑子影响地球磁场

耀斑

在太阳的色球层上，也会发生剧烈的活动，其中最剧烈的当数耀斑了。由于太阳耀斑主要发生在太阳的色球层，所以也被称为“色球爆发”。你可以想象一下：在伸手不见五指的夜晚里，眼前突然出现了一盏灯又迅速熄灭，太阳耀斑就是这样，快速出现又快速消失。仅仅是这样一瞬间，却会对地球和人类产生巨大的影响。

太阳耀斑是较为剧烈的太阳活动现象。

太阳耀斑释放了巨大的能量。

▲ 耀斑爆发

耀斑的发现

最早发现太阳耀斑的是天文学爱好者卡林顿。1859 年，卡林顿在观测太阳黑子的过程中恰好遇到了太阳发生耀斑。卡林顿发现：在一个巨大的黑子群附近，突然出现了两道明亮的白光，它们的亮度超过了光球层，但是这种现象只持续了几分钟。在同一天，英国另一名天文学家霍奇森也观测到了这次耀斑的发生。

▼ 卡林顿

理查德·克里斯托弗·卡林顿是英国天文学家。

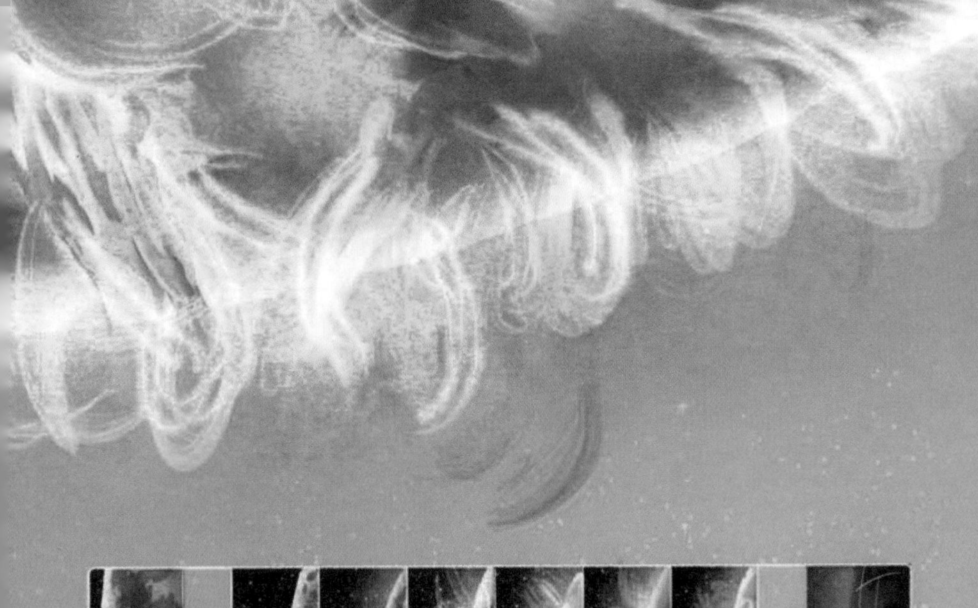

耀斑的能量

耀斑的爆发虽然是一瞬间的事，但爆发出的能量极为惊人。据测算，一次耀斑所释放的能量约为 10^{20}~10^{25} 焦耳，这相当于十万甚至百万次大型火山爆发释放能量的总和。除此之外，耀斑发生之时，还会产生各种辐射，除了可见光，还有紫外线、x 射线和伽马射线，也有红外射线和射电辐射，还有冲击波和高能粒子流，甚至有能量超高的宇宙射线。

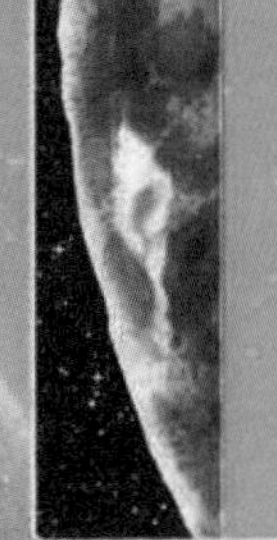

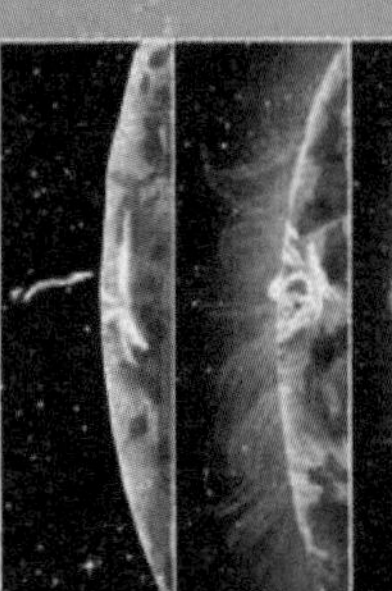

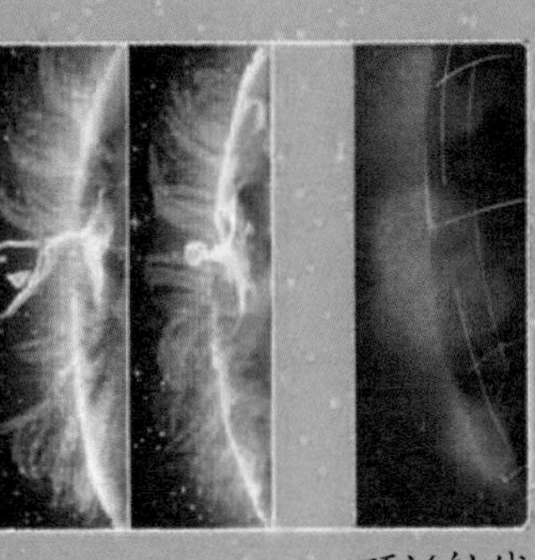

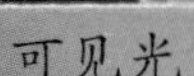

可见光　　极紫外波段　　硬X射线

耀斑的影响

耀斑对地球空间环境造成的影响非常巨大。当它所发出的高能粒子到达地球附近时，会严重危害宇宙飞行器的运行和宇航员的安全。当高能粒子逼近地球时，会与地球大气的分子发生剧烈反应，破坏地球电离层，导致无线通信受阻。最严重的是：当高能带电粒子流与地球高层大气作用时，会干扰地球磁场，进而引起磁暴，这会导致通信中断，甚至高压电线产生瞬间超高压，电力中断等。

▼ 耀斑爆发引发磁暴

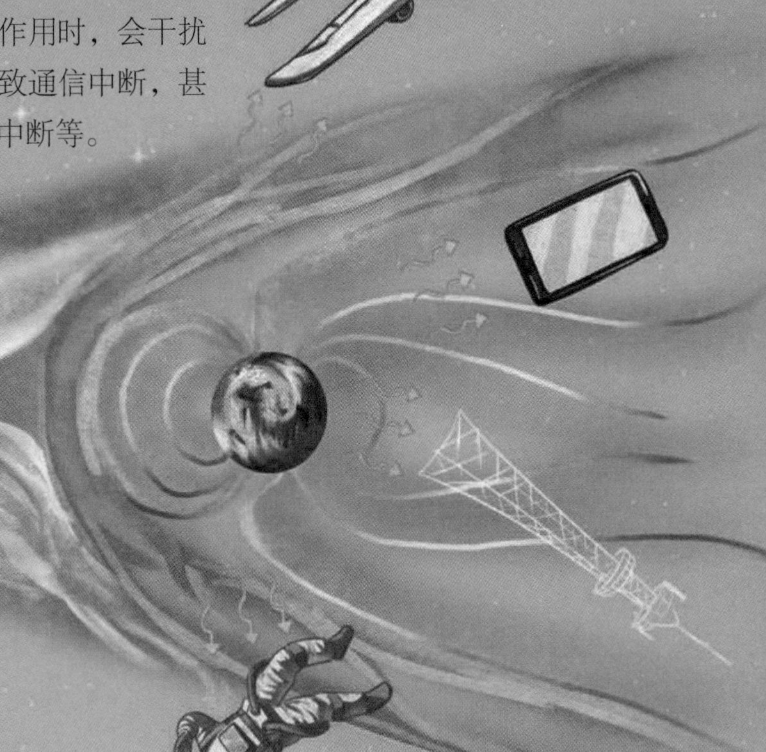

强度较低的耀斑非常普遍。

日珥

与太阳耀斑一样，日珥也是发生在太阳色球层上的一种太阳活动现象。通常情况下，日珥被日晕所遮盖，我们很难直接用肉眼观察到，只能通过专业仪器观测到它的真面目。日珥的形状千姿百态，但从整体看来，它都像是挂在红日边缘的耳环，因此而得名“日珥”。

▼ 日珥

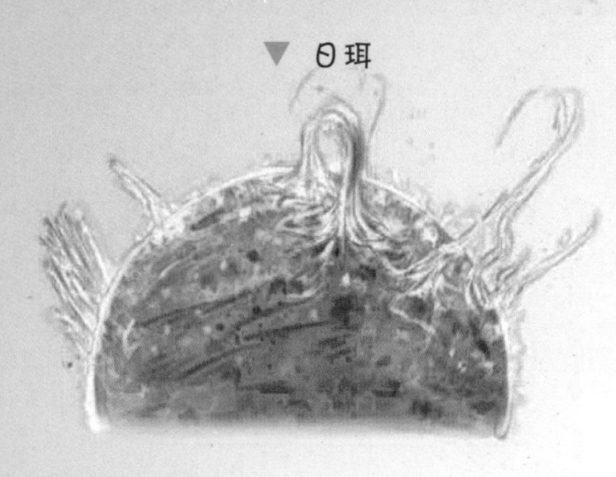

日珥的成因

日珥的主体在日冕层当中，底端和色球层连在一起。有些研究表明：日冕层所有的物质凝聚在一起的质量都不及几个大日珥的质量。关于日珥的形成，目前仍然没有定论，但很多天文学家认为日珥是太阳磁场和日珥磁场的相互作用所产生的。

宁静日珥

按照日珥的运动状态，日珥可以分为3大类：宁静日珥、爆发日珥和活动日珥。相较于其他两种日珥，宁静日珥的活动就要平缓许多。宁静日珥可以长期存在于日冕层中，有时候宁静日珥的形状在这期间可以保持稳定。但正是因为日珥的密度比日冕层大很多，温度也比日冕层温度低许多，所以这份安静才让人觉得不可思议。由于宁静日珥的稳定性，我们经常可以观测到它。

活动日珥

活动日珥，顾名思义，就是总在变化的日珥。它们就像一道道喷泉，从太阳表面喷发，跃高后又会回落到太阳表面。不过也有喷发较高的物质，被抛入了宇宙。一般活动日珥的持续时间为几分钟到几小时。

▼ 日珥的运动状态

爆发日珥

爆发日珥比起活动日珥，活动更为剧烈。当爆发日珥发生的时候，会以每秒几百千米的速度将物质高速喷发进日冕层中，如同一道洪流一样。爆发日珥的高度一般可以达到几十万千米，甚至达到上百万千米，令人叹为观止。

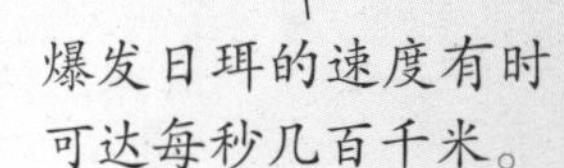

八大行星

在夜晚的漆黑天幕之上，除了明亮而闪烁的恒星，还有一些行星。每个夜晚，行星都会改变位置。行星本身不会发射可见光，我们之所以能看到行星，是因为行星反射了太阳光。太阳系有 8 颗行星，被称为“八大行星”，我们的地球就是其中之一。

行星及其卫星

行星是人们熟知的一类星体，地球就是属于太阳系的一颗行星。从古代起，人们就发现了宇宙中肉眼可见的多颗行星。它们在天空中的位置不固定，所以就被命名为“行星”，意思是移动的星体。

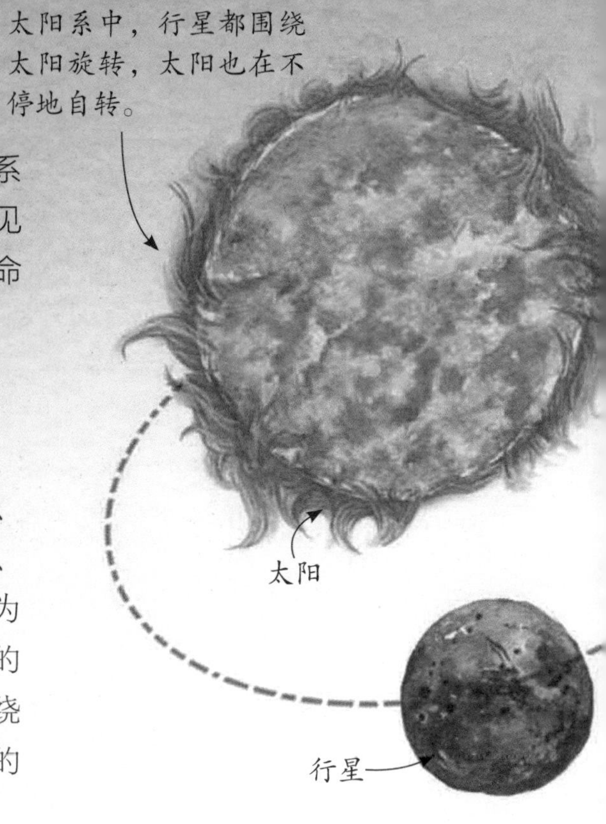

▲ 行星围绕太阳旋转

行星的定义

传统认为：行星是那些自身不能发光、形状近于球体、质量足够大，并且围绕恒星运动的天体。但是随着冥王星、阋神星等星体的发现，给这些天体一个准确定义变得尤为重要。最新的定义是在 2006 年国际天文学联合会上通过的《行星定义》，它提出了行星需要满足的几个条件：围绕太阳运转，质量必须足够大，可以清除其轨道附近区域的天体。

▲ 太阳系

八大行星

起初，人们认为太阳系中有九大行星，按照距离太阳由近及远的顺序，依次为水星、金星、地球、火星、木星、土星、天王星、海王星和冥王星。但是在 2006 年召开的国际天文联会上通过决议，将冥王星定义为矮行星，因此九大行星变成了八大行星。

行星的形成

还记得星云说吗？该学说认为，太阳系内所有的天体都由一团原始的星云形成。在太阳系形成的初期，绝大部分的物质向中心聚合形成太阳，而周围其他的物质碎片则围绕着太阳旋转。随着时间的推移，这些物质之间产生了相互作用，形成了大量质量较大的、有可能发展成为行星的雏形，叫作“星子”。星子之间也会互相作用，类似于大鱼吃小鱼、小鱼吃虾米的情况，大星子吞噬小星子，最终形成了行星。

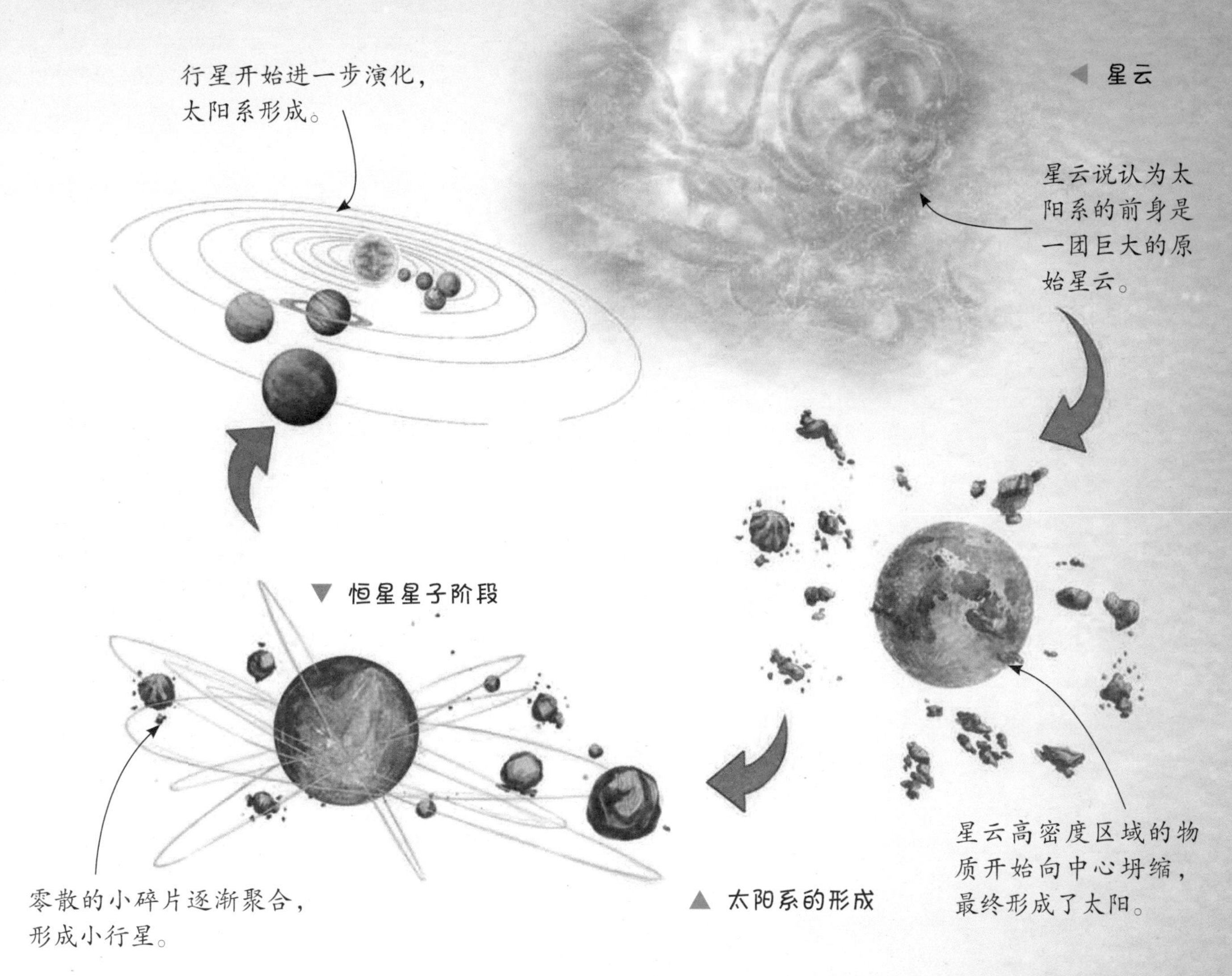

▲ 太阳系的形成

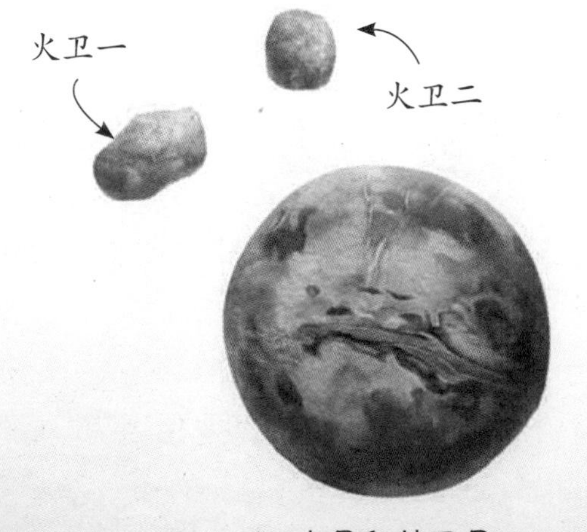

▲ 火星和其卫星

卫星

在行星围绕恒星运转时，也会有一类星体围绕着行星运转。比如，在太阳系中，地球围绕太阳运转，而月球则围绕地球运转。这类围绕行星运转的星体被称作“天然卫星”。这些天然卫星的大小各不相同，大的如地球的卫星月球、木星的木卫一、木卫二等，直径都超过了3000千米。一般来说，行星与卫星的质量中心都处于行星内部。如果两个天体的质量相当，它们所形成的系统被称为“双行星系统”。

水星

▼ “水手10号”探测器

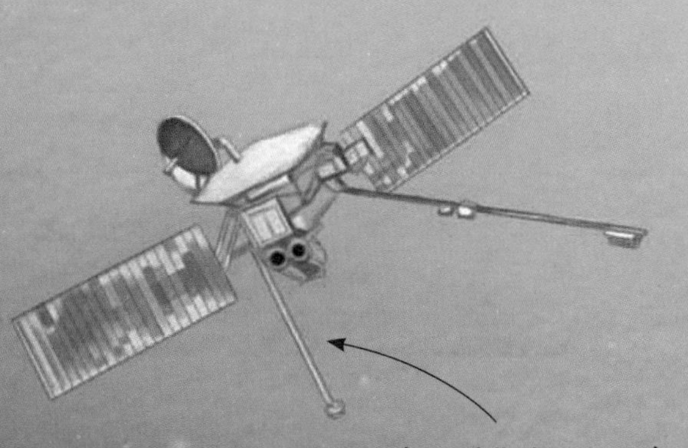

“水手10号”探测器曾3次与水星会合，实现了人类探测器对水星的首次近距离观测。

水星是太阳系中距离太阳最近、体积最小的一颗行星。水星轨道半径比较小，通常情况下，它都是伴随着太阳同时在空中移动的。一年中除了少数的几天外，水星都被太阳的强光遮盖，因此我们很难用肉眼直接观察。

水星表面坑坑洼洼，并不平整。

水星和地球一样有岩石分布。

▲ 水星在中国古代也被称为“辰星”

由于离太阳很近，水星白天的温度非常高，能达到近430℃。

水星的磁场

太阳系的八大行星中，除了金星，其他行星都拥有磁场。水星的磁场产生方式与地球相同，是由液态金属在其核心的运动产生的，但其强度不到地球的 1%。水星磁场的发现要归功于水手 10 号探测器。1975 年，水手 10 号探测器3次与水星会合，观测到水星有一个偶极磁场，与地球非常相似。

▲ 水星磁场

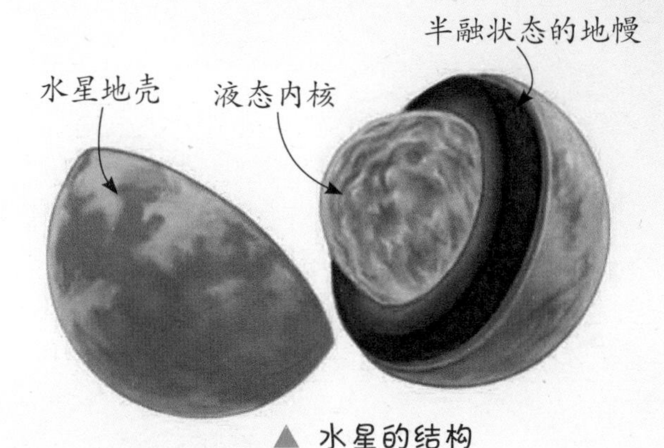

▲ 水星的结构

水星的构造

水星是一颗类地行星，其内部构造与地球相似，分为地壳、地幔和地核 3 层。虽然它是太阳系中最小的行星，但水星的密度是太阳系中除地球外最高的，约为 5.42 克每立方厘米。天文学家推测：水星的外壳是由硅酸盐构成的，约占总质量的 30%，其余为金属，约占其直径的 70%。水星的中心是一个铁质核，其中铁的含量超过太阳系中已知的其他行星。

水星地貌

由于水星的位置特殊，我们在地面上基本观测不到水星的地貌细节。直到 1974 年，美国发射的水手 10 号宇宙飞船在与水星的 3 次会合中传回了观测资料，我们才得以了解水星的地貌。照片显示：水星的表面与月球很像，布满环形山。除此之外，还有平原、盆地、断崖等各种地形。其中最有名的是卡路里盆地，这里是水星温度最高的地区。据推测，卡路里盆地可能形成于太阳系早期的大碰撞。

▼ 水星上的盆地与断崖

水星的自转和公转

水星是八大行星中运动速度最快的，公转周期大约是 88 个地球日，而它的自转周期则需要约 58 个地球日。水星的自转周期和公转周期的比例是 3 ： 2。水星自转 3 周是一昼夜，与此同时，水星公转了 2 周。

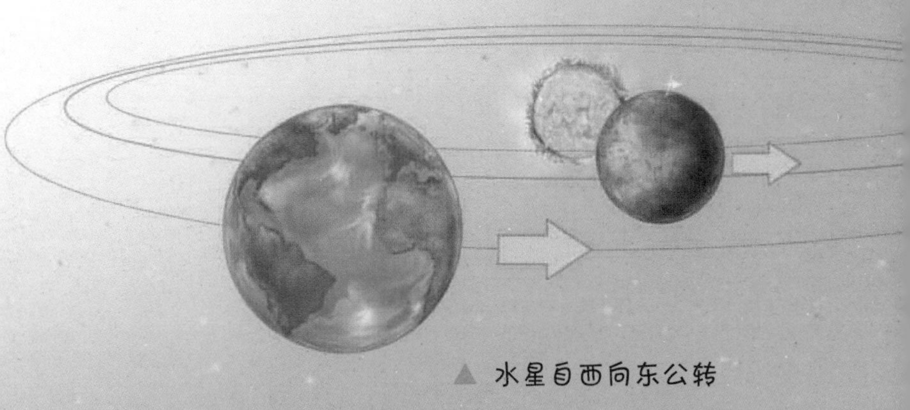

▲ 水星自西向东公转

水星的观测

由于水星距离太阳太近，因此观察起来非常困难。在地球上，观测水星合适的时间是在日出或日落的时候。

▲ 距离太阳最近的行星——水星

水星的温度

水星不但是太阳系中最小的行星，还是昼夜温差最大的行星。由于距离太阳较近，水星被直射的地方温度可以达到近 430℃，而不被阳光照射的背面，温度则要低至零下 160℃，温差约有 600℃。

水星的轨道变动

水星绕太阳公转轨道的偏心率是 0.21，是太阳系八大行星中最大的。换句话说，水星的运行轨道是最扁的。据推算，水星的运行轨道将会变得越来越扁。试想有一天，水星运动轨迹已经入侵到了其他行星的轨道中，比如金星和地球的运行轨道中。水星就好比马路上越线的汽车，就有可能发生“宇宙交通事故”。即使没有发生碰撞，越线的水星仍然会因为与其他行星之间距离的变化，导致太阳系内的引力紊乱，产生更多不可预知的灾难。

水星凌日

水星凌日是一种类似日食的天文现象，它发生在水星、地球、太阳三者连成一线的时候。由于从地球的角度上看，水星遮挡太阳的面积有限，所以并不会像发生日食时那样震撼。我们要想观测到水星凌日这一景象，只能通过望远镜投影的方法，我们会发现一个小黑点从太阳的表面上慢慢经过。水星凌日现象每 100 年发生 13 次，2016 年和 2019 年都曾发生过。

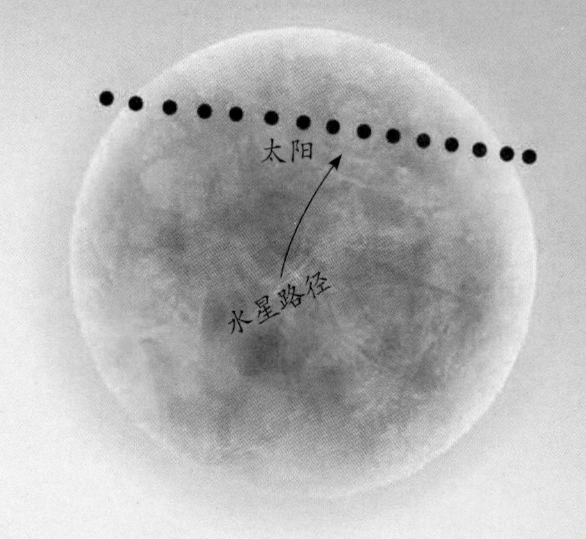

▲ 水星凌日

▼ 水星与地球相撞假想图

水星如果与地球相撞，可能会变成一颗“铁星”。

▼ 水星的公转轨道会越来越扁

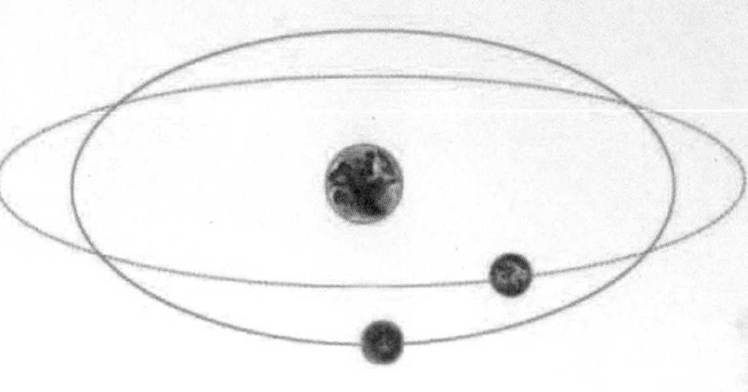

▲ 偏心率

偏心率是椭圆的两个焦点间距离和椭圆长轴长度的比值，如果一个椭圆的偏心率越大，它就越扁；偏心率越小，这个椭圆就越接近正圆。

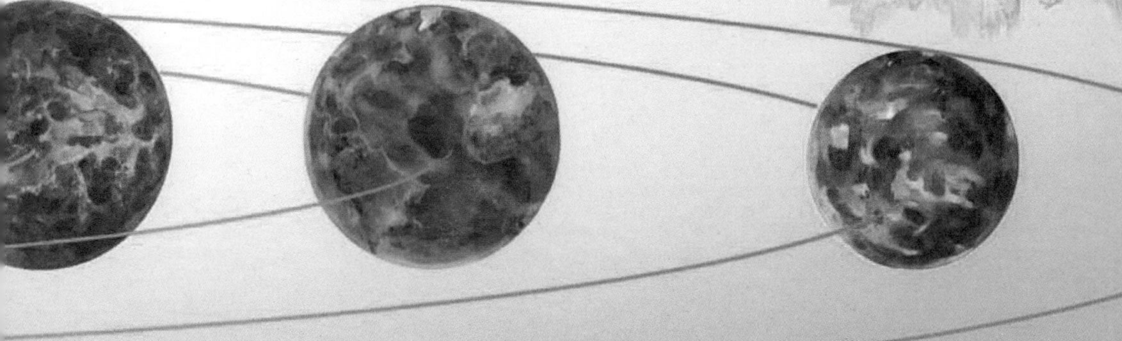

金星

金星也是一颗类地行星，它的质量与地球相似，有时人们称它是地球的“姐妹星”。在大多数时间里，金星都是太阳系中距离地球最近的行星。从 20 世纪 60 年代起，美国和苏联投入了大量精力在探索金星上。直至今天，用于探索金星的探测器已经超过了 30 个，它们为我们揭开金星的神秘面纱提供了宝贵的资料。

金星的特点

金星和地球几乎一样大，它是太阳系内两颗自转方向为从东向西的行星之一，另一颗是天王星。金星的自转几乎是垂直的，所以没有明显的季节变化。和其他类地行星一样，金星有一个中心核、一层地幔和一层地壳。

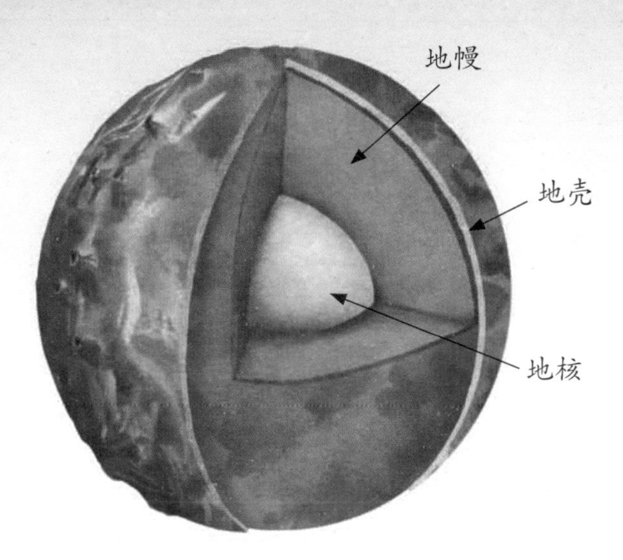

▲ 金星的结构

▼ 金星大气中充斥着二氧化碳

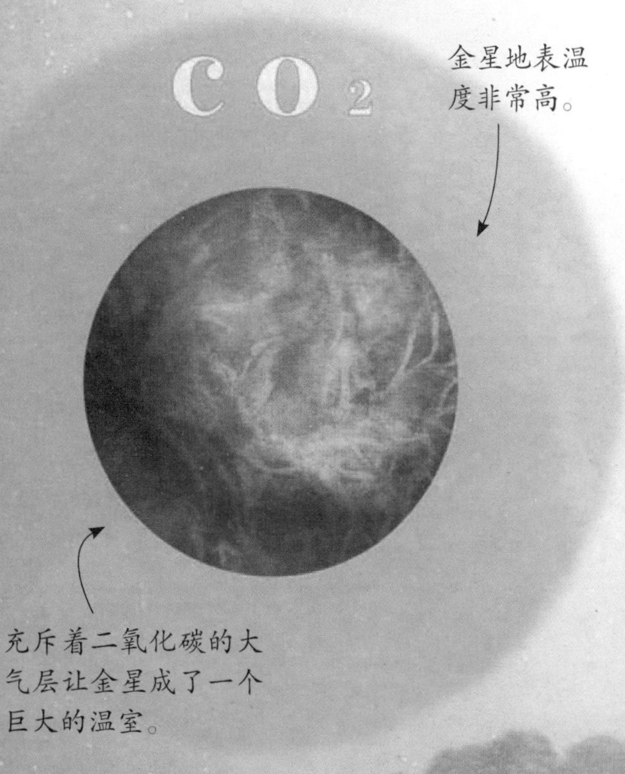

金星的大气

金星大气的主要成分就是二氧化碳，其大气压力约为地球的 90 多倍。由于大量二氧化碳的存在，金星上的温室效应较明显。相较于水星，金星到太阳的距离要更远，但是金星的表面温度高于水星。据探测，金星地表平均温度约为 470℃，如果忽略金星上的温室效应，金星的表面温度将会接近地球的温度。

熔岩重塑地形。

地表遍布火山。

金星的地貌

金星的地貌大部分是平原，其中有两个明显的高地：伊什塔和阿芙罗狄特。有些资料显示，伊什塔高地的面积与澳大利亚的面积基本相当，而阿芙罗狄特的面积相当于整个南美洲的面积。金星还有一些较为出名的低地，如爱塔兰塔平原低地、格纳维尔平原低地、卫尼亚平原低地等。由于浓厚大气层的阻挡，流星等其他天体从金星上空坠落时会被燃烧殆尽，所以金星表面的陨石坑相较于其他行星要少得多。

金星的火山运动

与地球不同，金星没有板块构造，但是火山活动极为频繁，金星表面遍布火山，火山爆发喷发出的熔岩会在地表划出很长的沟渠。据测算，金星表面约85%都覆盖着火山岩。

▲ 金星大气阻挡陨石袭击

▶ 金星地表火山爆发频繁

火星

太阳系由内而外的第三颗行星就是我们美丽的地球。排在地球之后，太阳系内位列第四的行星是火星，它也是目前最受人们关注的行星。通过分析各类探测器对火星探索的结果，科学家们认为火星上极有可能存在生命。最让人振奋的消息是：2018 年 7 月 25 日，人类在火星上发现了第一个液态水湖，火星上存在生命这让人们更加坚信，也许人类在太阳系中并不孤独。

火星的构造

火星和地球一样，也由地壳、地幔、地核 3 部分组成。火星的地核主要成分是硫化铁，在核心外面包裹着一层熔岩，相较于地球的地幔更厚。在地幔的外面，是一层厚度约在 40~150 千米的地壳。

▼ 火星的结构

地壳

硫化铁为主的地核。

地幔

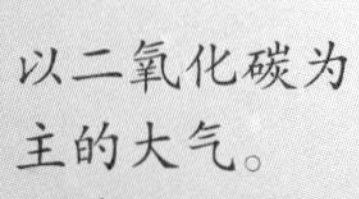

火星上大气稀薄，氧气匮乏，温度也比较低。

火星的大气

与地球相似，火星也存在大气层，但是火星的大气层比较稀薄，主要成分是二氧化碳，其余是氮气和氩气以及更为稀少的氧、一氧化碳、水蒸气、臭氧、氦、氖等。由于大气层比较稀薄，所以火星的大气压强也比地球的小得多，平均气压为 5.6 毫帕左右。

火星表面几乎被红色的沙尘覆盖。

火星的地貌

火星的地貌比较多样，和地球一样，火星拥有高山、平原和峡谷。火星是一颗寒冷荒芜的行星，表面基本都是沙漠，上面遍布着沙丘和砾石。火星南北地形差异明显，北方是熔岩漫灌形成的平原，而南方却是坑坑洼洼的高地。在南北中间，有明显的斜坡，就像条分水岭一样。火星的南北两极是极冠，火山和峡谷等地貌分布在火星各地。

火星上最为壮观的地形要数“水手谷”大峡谷了，它位于火星南半球，由一系列峡谷组成，最宽处超过 200 千米，长度 4000~5000 千米。毫不夸张地说，地球上任何一个峡谷都难以与其比拟。火星上还有另外一处让人震惊的火山，那就是奥林匹斯盾形火山，它高出周围地面 20 多千米，不但超过地球上的任何火山，甚至在整个太阳系中也是绝无仅有的。

平原

大火山

高地

▲ 奥林匹斯盾形火山

▼ 火星水手谷

水手谷是太阳系最大的峡谷。

探索火星时一定要做好防护。

火星的观测

火星是宇宙中与地球相对距离最近的行星，对火星的探索是我们揭开宇宙神秘面纱必不可少的一步。

▼ 火星和卫星

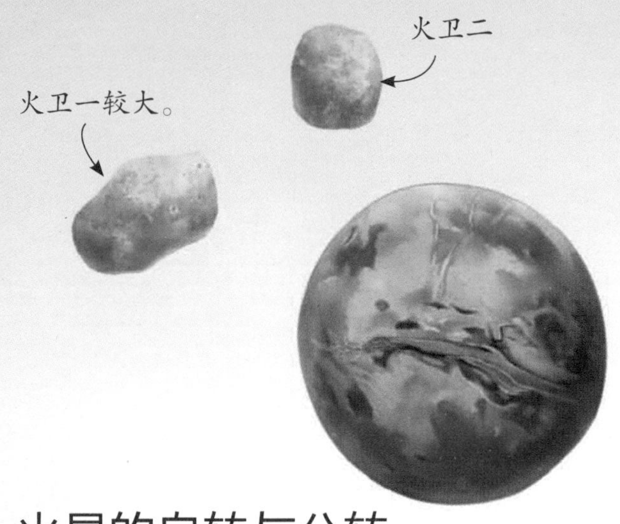

火星的卫星

目前已知火星有两颗卫星，分别是火卫一和火卫二。其中，火卫一的体积相对较大，离火星也比较近。值得一提的是：火卫一围绕火星运动的半径正在逐渐变小，这意味着也许有一天它会与火星相撞，产生不可预知的灾难。火星的第二颗卫星火卫二与火星的距离约为23500千米。

火星的自转与公转

与其他行星一样，火星存在公转和自转。每隔大约687个地球日，它就会绕着太阳公转一周，也就是说，火星的一年大概有687个地球日。火星的自转时间基本与地球相同，约为24小时39分。除此之外，火星自转轴的倾斜角度也与地球相似，因此火星上也存在四季循环，不过每个季节的长度约为地球的两倍。

▼ 未来人类的"移民计划"

火星的温度

火星的公转轨道是椭圆形的，在这个椭圆轨道中，距离中心位置最远的点称为“远日点”，距离中心位置最近的点称为“近日点”。火星表面温度的高低与它距离太阳的远近有直接关系。对于火星而言，当它运动到近日点的时候，表面温度最高，约为27℃，而在远日点的时候，表面温度急速下降，最低能到零下139℃。

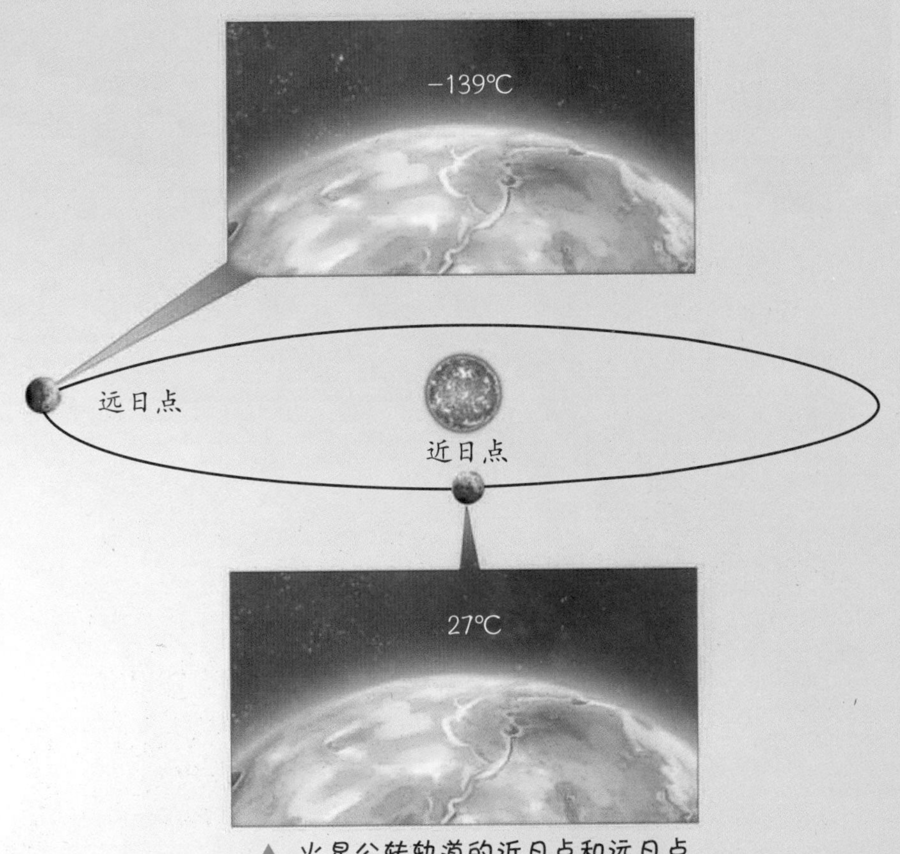

▲ 火星公转轨道的近日点和远日点

探索火星

有探测表明：大约40亿年前，火星的气候与地球非常像，也存在河流、湖泊和海洋。但如今，火星的气候与地球截然不同。人类研究火星并探索其气候演变的原因对于保护地球环境具有重要意义。另外，如果人类要寻找另一个可以移居的星球，从目前来看，火星是首选。从20世纪60年代起，人类开始探索火星，陆续向火星发射探测器，但多以失败告终。因此，人类对火星的探索还有很长的路要走。

木星

木星是太阳系中最大的行星，它的质量约为地球质量的 300 多倍。木星的位置排在火星之后，是太阳系由内向外数第五颗行星。自木星开始，接下来的土星、天王星和海王星都是气态巨行星。因此，木星、土星、天王星和海王星也被称为“类木行星”。

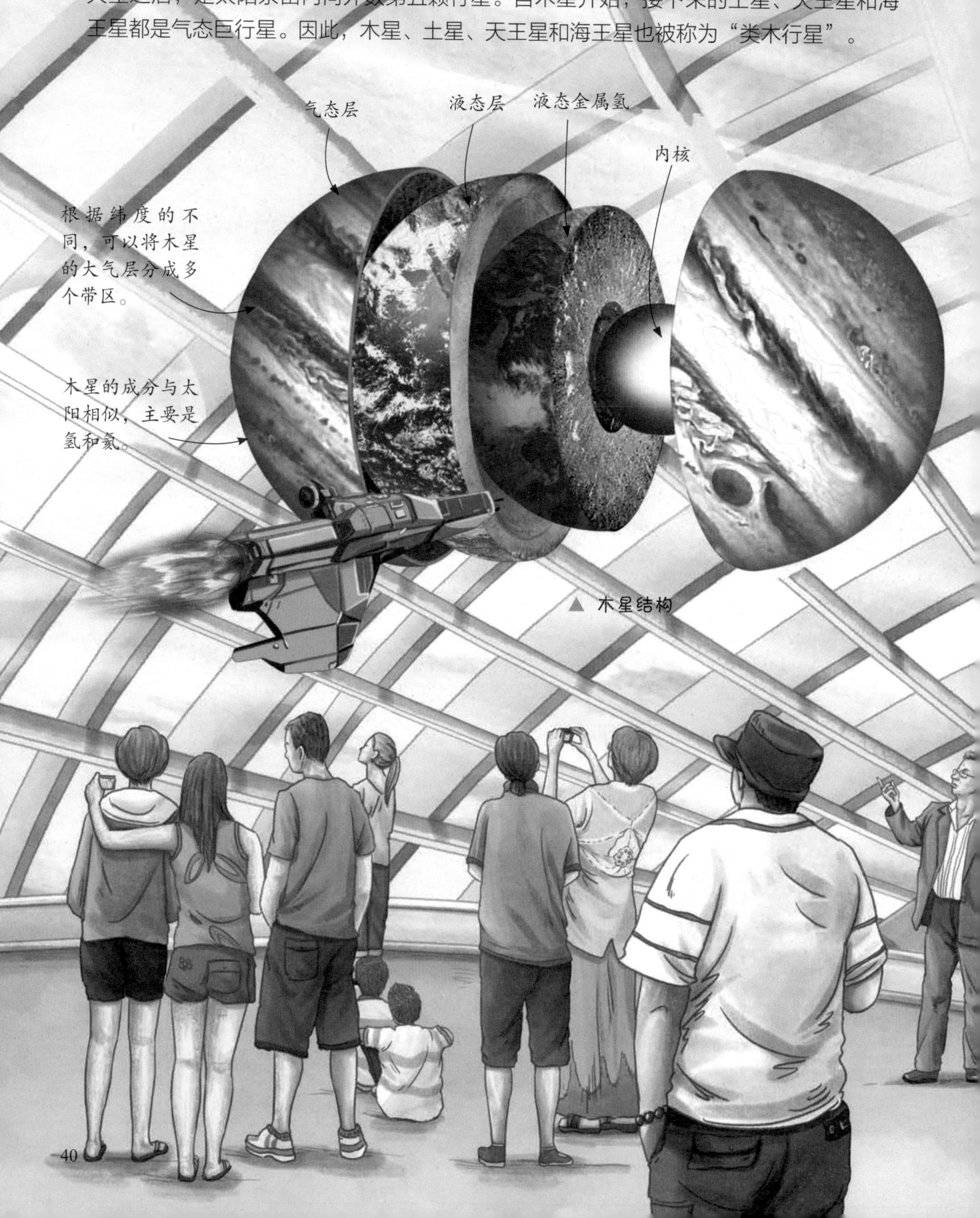

▲ 木星结构

木星构造

木星是气态巨行星，主要成分是氢和氦。木星上空飘着多种颜色的云层，包括氨气、甲烷、水等混合物气体。在云层之下，升高的压力足以让氢气变成液体。巨大的压力使氢原子发生裂解，具有了液态金属的特性。至于木星内部的构造，现在仍然没有确定的说法。不过，木星也许拥有一个石质的内核，这个内核被液态金属氢以及少量的氦所包裹，就像糖果被糖纸包裹一样。

▲ 木星磁场

行星之王

在太阳系中，木星是绝对的“胖子”，质量大约是地球的 300 多倍。它的巨大质量甚至导致太阳系的质心都有所偏移。木星拥有强大的磁场，表面磁场强度大约是地球的 14 倍。正因为木星强大的引力，它一方面帮助地球阻挡彗星、小行星的撞击，另一方面又会把这些“太空旅客”抛向地球。

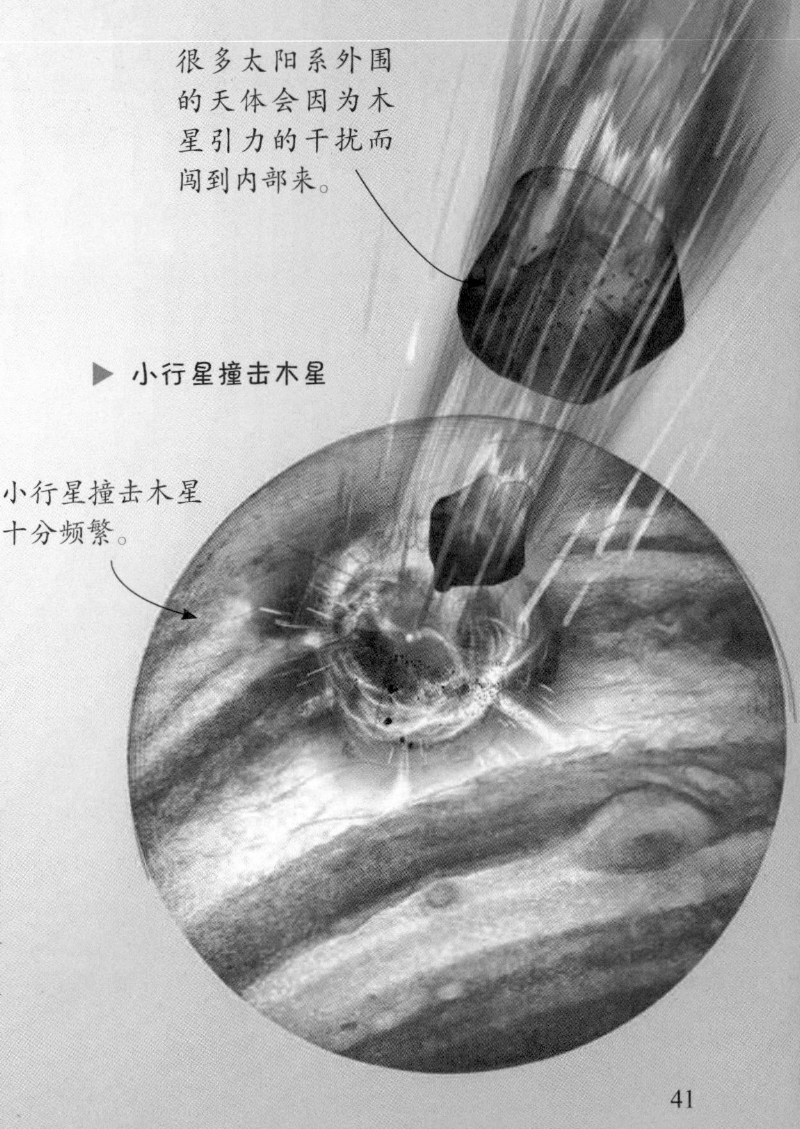

▶ 小行星撞击木星

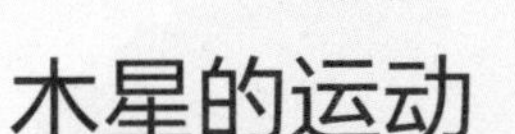

木星的运动

木星的公转周期大约是 11.8 个地球年，也就是说木星上的 1 年相当于地球上的 11.8 年。另外，木星是太阳系中自转速度最大的行星，自转周期不到 10 个小时。我们可以想象：木星是一个绕着轴飞快旋转的“大胖子”。因为转得太快，所以呈现出扁球体状。

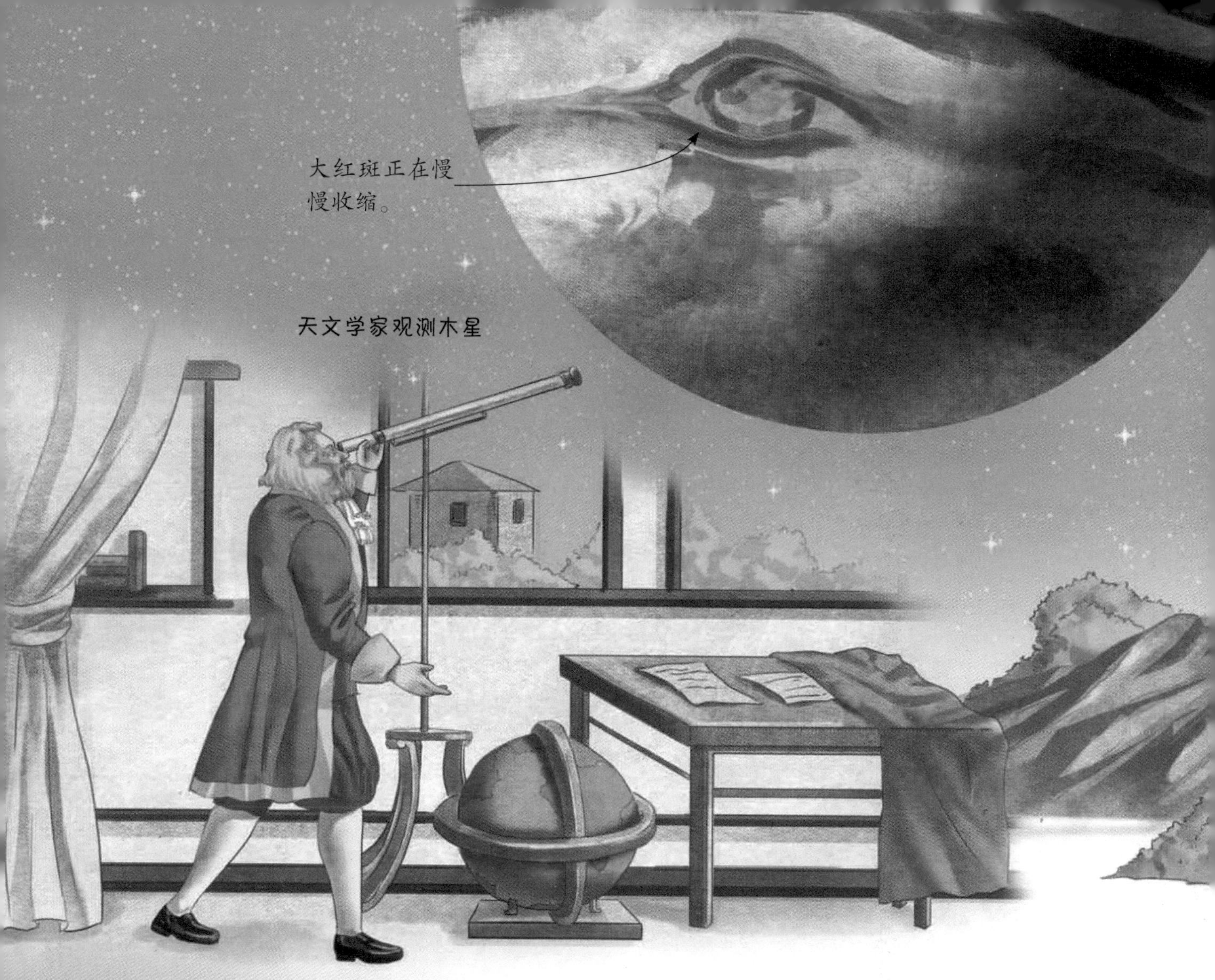

天文学家观测木星

木星的观测

木星是太阳系内最大的行星，并且也比较明亮，所以普通的天文爱好者凭借小型天文望远镜就可以对木星进行观测。

大红斑

迄今已经有多个行星探测器探测过木星，这些探测器为我们带回了大量木星的资料。在木星上，各个方向涌动的气流搅起了风暴，木星赤道地区的风速可能超过平均每小时 400 千米。木星上最壮观的景象——大红斑就是一团巨大的风暴，这是一股激烈运动的下沉气流，大到足以鲸吞整个地球。不过根据观测显示，木星大红斑在不断地缩小。

大红斑是目前太阳系已知最大规模的风暴。

▼ 木星上的巨大风暴

木星的卫星

木星拥有强大的引力，因此“捕获”了大量的卫星。迄今为止，木星被发现拥有的卫星数已经高达 92 颗。

在巨大的引力下，木星拥有庞大的卫星家族。

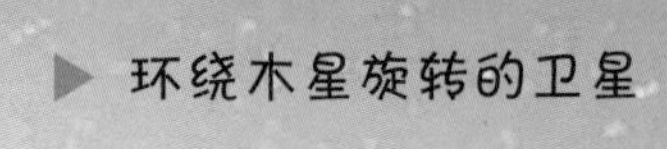

火山爆发

木星最大的 4 颗卫星是由意大利科学家伽利略发现的，分别是木卫一、木卫二、木卫三和木卫四，这 4 颗行星也被称为“伽利略卫星”。

木卫一上面遍布活火山，整个球体都遍布着含硫黄的岩浆，远远看去五颜六色。

木卫二是伽利略卫星中最小的一个，地壳几乎全部被冰覆盖着，在平静的冰层下也隐藏着活跃的火山。

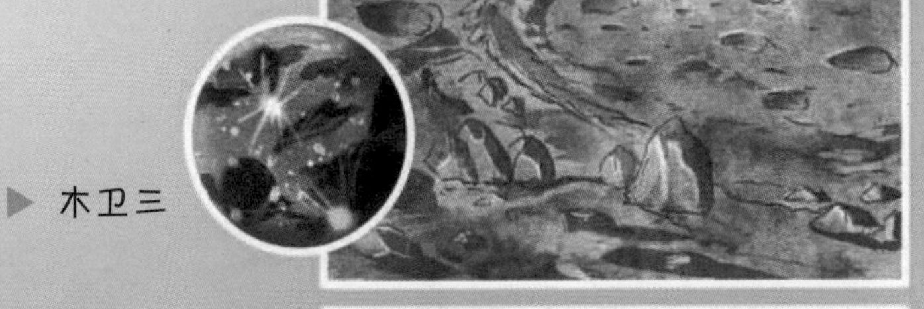

木卫三的个头很大，比水星还大，是太阳系中最大的卫星，主要构成物质是岩石和冰。

木卫四离木星比较远，是由冰和岩石组成的黑暗球体，上面遍布着撞击坑。

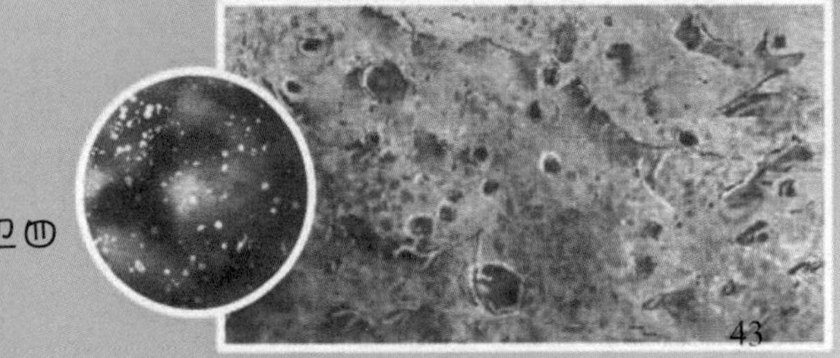
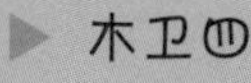

土星

土星是太阳系中第六颗行星，排在木星之后。土星非常美丽，橘红色的表面上漂浮着明暗相间的彩云，再加上柔美的土星光环，令人叹为观止。中国古代就发现了木星，并将它命名为“镇星”。古希腊对其也有发现，称它为“克洛诺斯”。

在中国古代，人们也早就对土星进行了观测。

▲ 土星的观测

土星漫谈

土星是人类肉眼可发现的距离地球最远的行星，主要由氢和氦构成。土星的核心是由岩石构成的，外部包裹着厚厚的冰壳，它是太阳系中唯一平均密度低于水的行星。

▼ 低密度的土星在某些情况下可以漂浮在水面上

土星主要由氢和氦组成。

土星环是太阳系中最大的光环结构，主要由数亿的岩石块和冰块组成。

土星的大气

土星的大气成分以氢和氦为主，另外还有甲烷和氨等其他气体。在大气的高层，氨的结晶体比较稠密，形成了氨云。在望远镜中，我们可以区分氨云和土星本身的云，它们虽然不像木星云那样绚烂，但是形状非常规则。这两者会形成平行的条纹，土星云就像金黄的彩带，而氨云则有时呈淡黄色，有时呈橘黄色，看起来让人赏心悦目。

▶ 土星环

土星的极地风暴呈现六边形。

土星上的风暴可以持续数月甚至数年。

▲ 土星风暴

土星的风暴

土星上的风暴是太阳系最剧烈的气象现象之一。美国国家航空航天局发射的卡西尼号探测器带人类看到了奇特的六边形风暴。这个风暴位于土星的北极区域，其直径达到了近 30000 千米，甚至比地球的直径还要大。而它的风速，也远远超过了地球特大风速。

土星的观测

20 世纪 70 年代以来，已经有若干枚行星探测器探测过土星及其卫星。正是从探测器传回来的图片资料中，我们才能一览土星的面貌。

▲ 土星光环局部图

土星环

土星还有一个令人着迷的地方，那就是土星环。1610 年，意大利天文学家伽利略用自制的望远镜观察土星时，发现土星球体本体旁有奇怪的附属物，他怀疑这些是土星的卫星。1659 年，荷兰天文学家惠更斯用更先进的望远镜进行观察时才发现：这些附属物並没与土星连接在一起，而是围绕着土星赤道形成光环。这些光环由无数形状各异、大小不同的冰块组成，在光照下熠熠生辉。1675 年，法国天文学家卡西尼又发现：光环中存在缝隙，这一发现被称为“卡西尼环缝”。

◀ 土卫六

土卫六名叫“泰坦”，上面很有可能有生命存在。

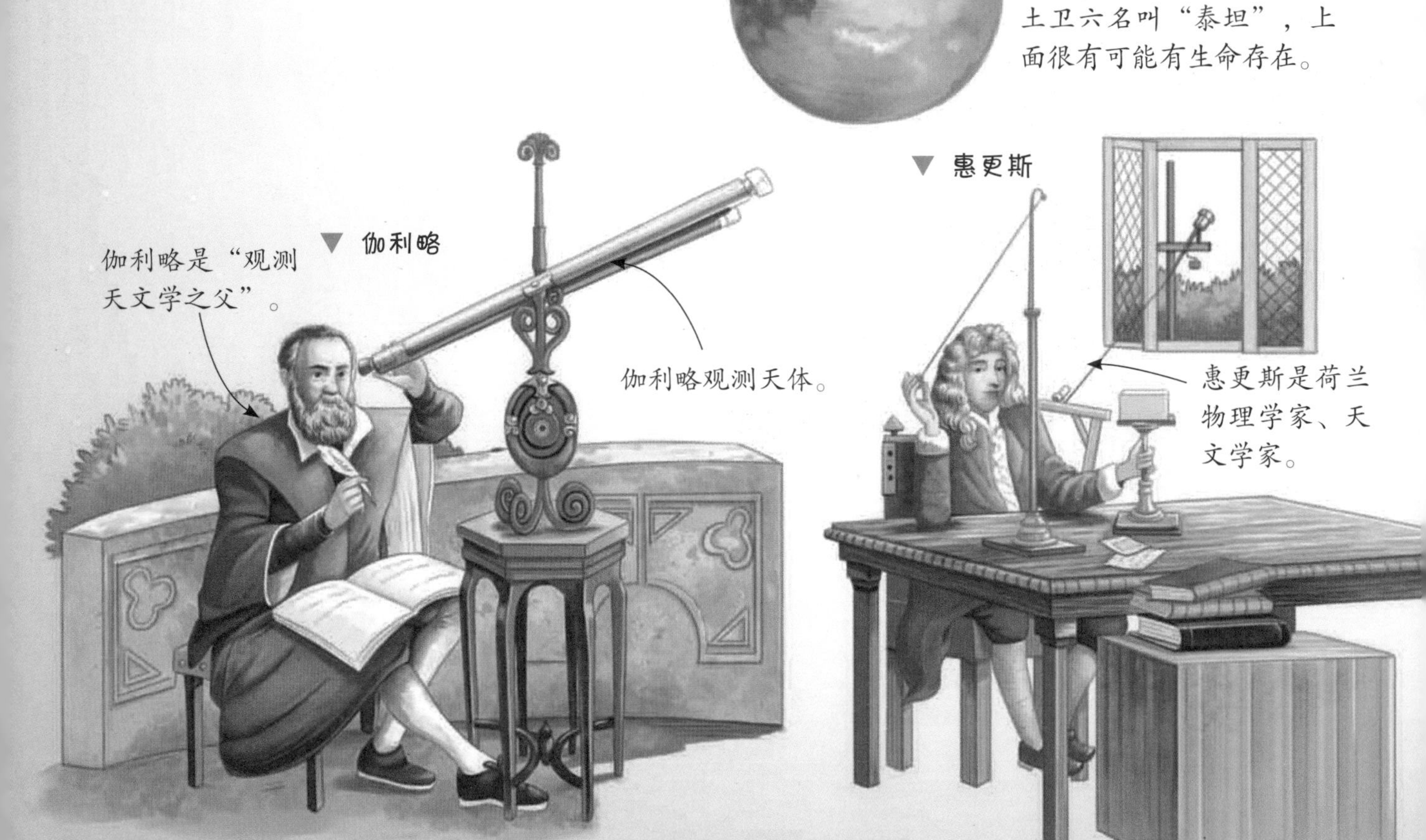

▼ 伽利略

▼ 惠更斯

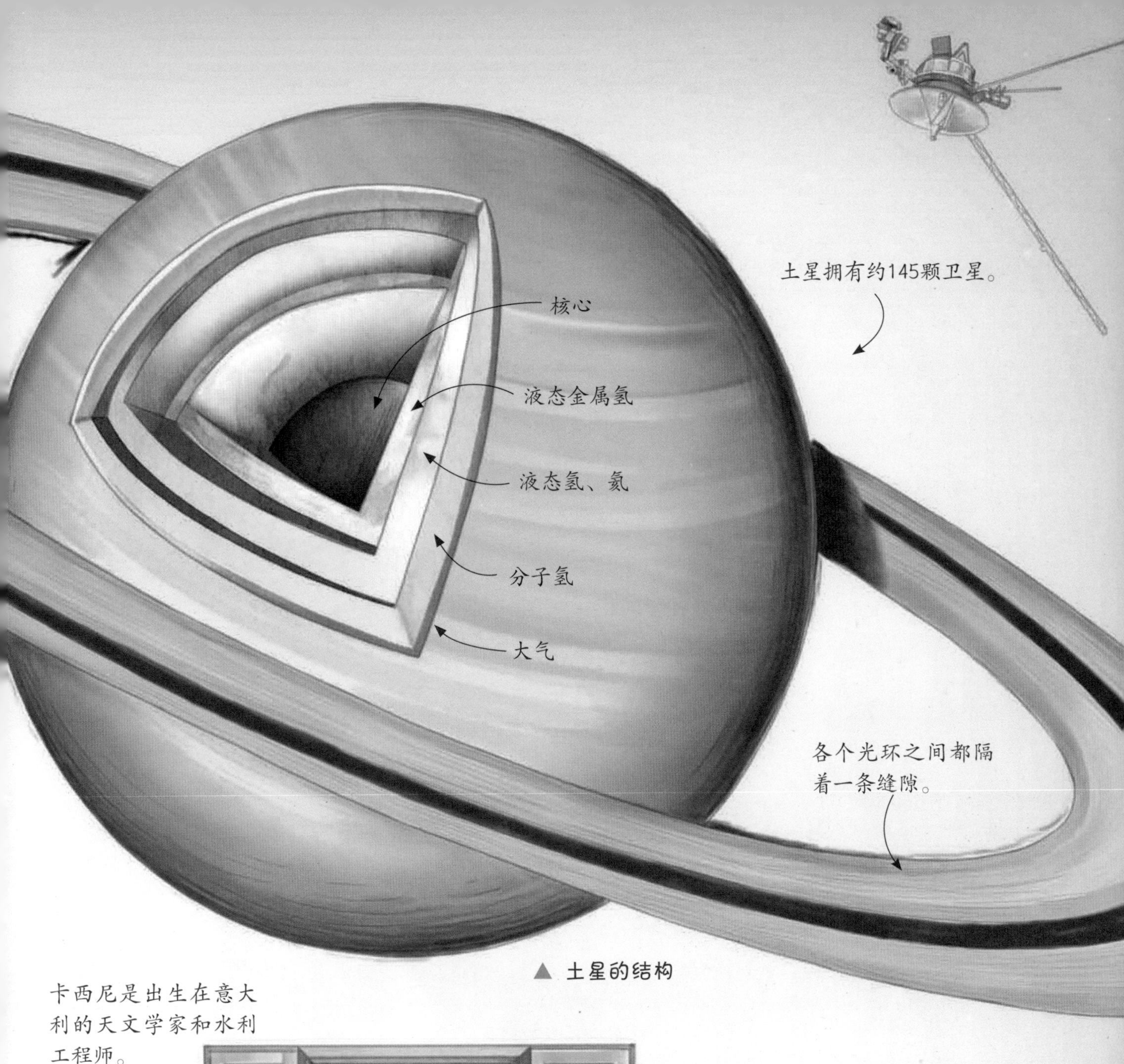

▲ 土星的结构

▶ 卡西尼

新晋卫星之王

2023年，土星的卫星数量增加到145颗，荣登“太阳系拥有卫星最多的行星”这个宝座。由于土星光环上还有很多未被确认的卫星存在，想必在卫星数上，土星在未来将会继续领先。在卫星家族中，最特别的是“土卫六”，它是太阳系中唯一拥有真正大气层的卫星。有观点认为，在土卫六上有生命体的存在。

天王星

▲ 八大行星

天王星与太阳的距离在太阳系中排第七位。尽管它不是所有行星中离太阳最远的，却是最寒冷的一颗行星。天王星接收到的日照量只有地球接收到的 0.25%。

天王星是一个被雾霾包围的气态巨行星。

偶然发现的天王星

天王星是一颗冰巨星。由于它距地球太远，人类肉眼几乎观察不到。所以在很久之前，人们并没有发现天王星的存在。直到 1781 年，英国天文学家威廉·赫歇尔偶然间看到一颗淡蓝绿色的星星。他连续几天跟踪观察它，根据轨迹判断它是太阳系的天体，并认为这是颗彗星。于是，他写了篇论文交给了英国皇家学会。1783 年，法国科学家拉普拉斯证实赫歇尔发现的是一颗行星。

赫歇尔被誉为“恒星天文学之父”。

▶ 正在做研究的赫歇尔

躺着运动

在太阳系中，行星们都遵循着自转轴与公转平面大致垂直的规律而运动，但天王星例外，它的自转轴与公转轨道几乎呈直角。也就是说，它是以“躺着”的姿势绕着太阳运动的。正因为如此，太阳会对它的两极轮流照射，这导致天王星的昼夜交替与四季变化很奇特。天王星上的昼夜交替大约 42 年才会进行一次，太阳照在天王星哪一极，哪一极就是夏天。难怪有人会称它为“一个颠倒的行星世界”。

蓝色星球

天王星看起来是一颗蓝绿色的星体，因为它的大气层中含有甲烷。在大气层之下，是连绵不断的云盖，星球表面覆盖着流体海洋。科学家推测：这片海洋中富含带电离子，由此产生了天王星的磁场。

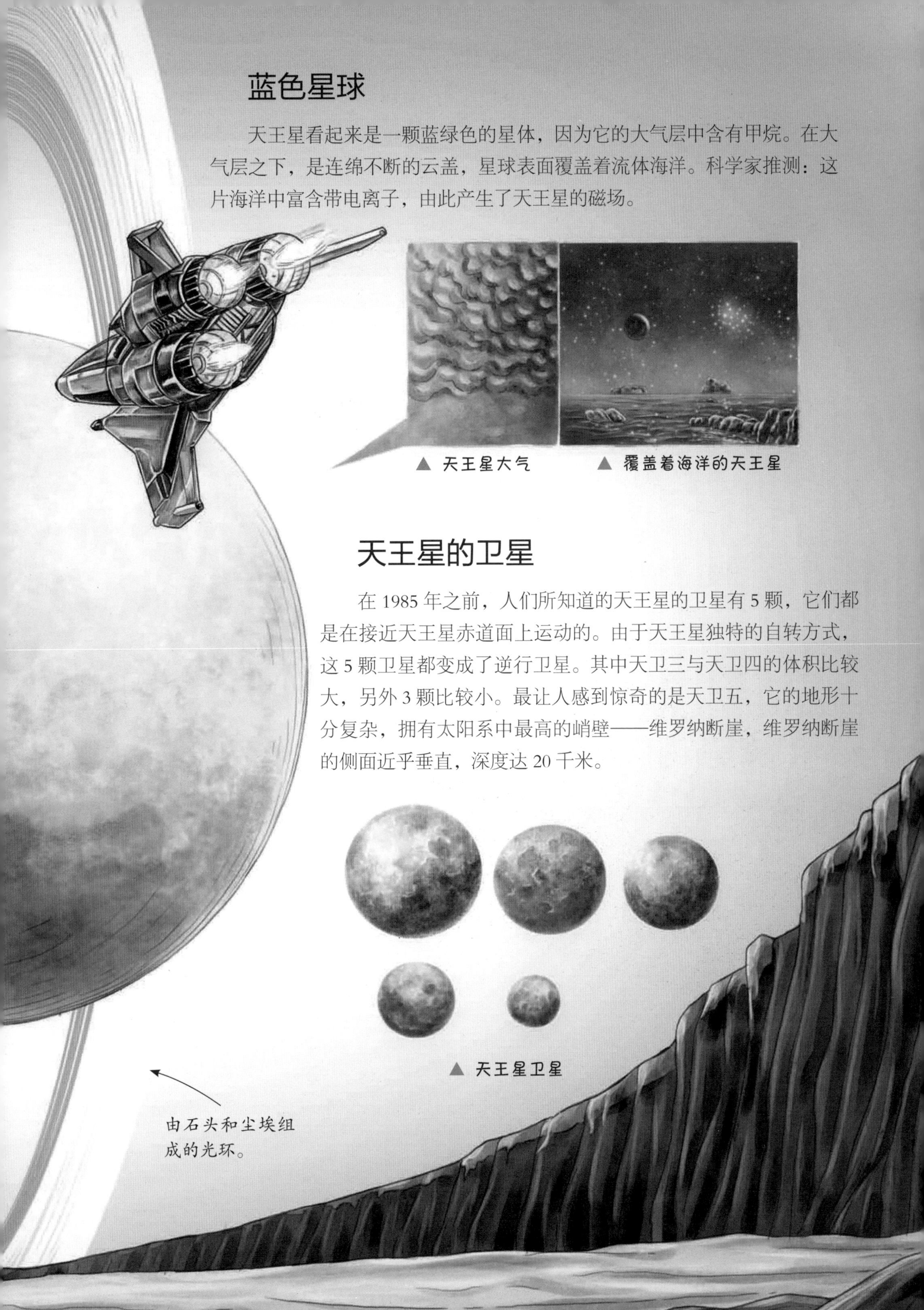

▲ 天王星大气

▲ 覆盖着海洋的天王星

天王星的卫星

在 1985 年之前，人们所知道的天王星的卫星有 5 颗，它们都是在接近天王星赤道面上运动的。由于天王星独特的自转方式，这 5 颗卫星都变成了逆行卫星。其中天卫三与天卫四的体积比较大，另外 3 颗比较小。最让人感到惊奇的是天卫五，它的地形十分复杂，拥有太阳系中最高的峭壁——维罗纳断崖，维罗纳断崖的侧面近乎垂直，深度达 20 千米。

▲ 天王星卫星

海王星

海王星是太阳系中距离太阳最远的行星。它之所以被称为“海王星”，是因为它有淡蓝色的光，人们用古罗马神话中的海神“尼普顿”命名它，中文名字也就是“海王星”。

海王星的发现

海王星也被称为“笔尖上的发现”，它是人们先通过计算预测到其存在，然后才观测到的行星。在天王星被发现后不久，人们发现天王星的运动轨迹有些异常，总是与天体力学计算的轨道发生偏移。因此，有人推测：在天王星的轨道外可能存在另外一颗行星，是它的引力干扰了天王星的运动。后来，科学家推算出了这颗行星的质量与运动轨道，最终找到了这颗行星——海王星。

▼ 正在进行计算的科学家

1846年9月23日，海王星被发现。

▲ 海王星

海王星的运动

海王星围绕太阳运动的轨道半径非常大，走完一个周期大约需要 164.79 个地球年。从 1846 年它被发现的那个夜晚算起，至今海王星仅仅绕太阳转了一圈多，这的确是一个漫长的过程。相比公转周期，海王星的自转就要快很多了，它自转一周的时间大约是 16 小时。

▼ 海王星和地球的公转轨道示意图

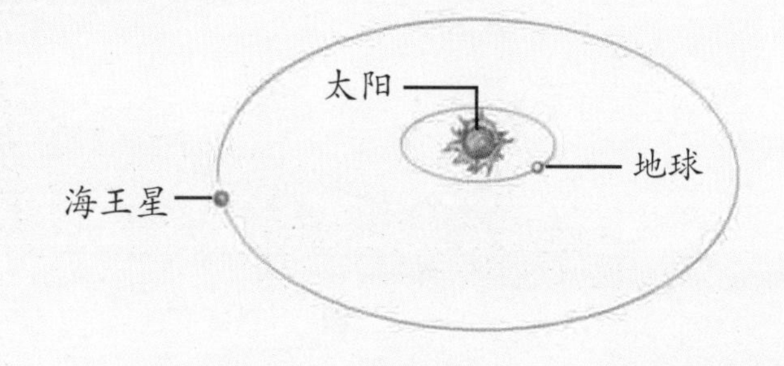

钻石行星

和天王星一样，海王星的主要构成物质也是水、氨和甲烷。在早期太阳系时期，这些物质以冰的形式存在，因此海王星和天王星也被称为“冰巨星”。当然，这些冰因为行星内部产生的热量，已经融化成液态。海王星地幔深处温度极高，压力也很大，导致甲烷变为钻石晶体，在海王星内核周围形成了钻石海洋。

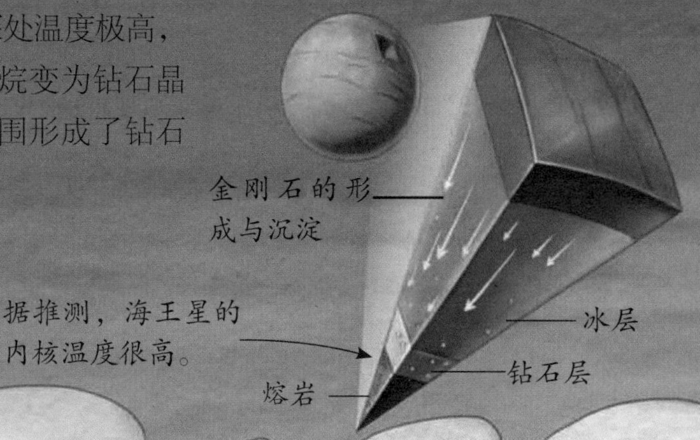

▲ 海王星的结构

海王星内部是岩石和冰组成的固态内核以及庞大的冰层。

▼ 旅行者2号探测器

旅行者2号是第一个造访天王星和海王星的探测器。

▼ 吸引卫星的海王星

海王星卫星

海王星的卫星至少有 14 颗，其中大部分是被海王星的引力吸引而来的。在这些卫星中，最大的是海卫一，其表面温度为零下 235℃。科学家推测：海卫一被海王星的引力吸引，正逐渐靠近海王星，最终可能会撞击到海王星。

第三章 小行星与彗星

小行星是体积、质量都小于正常行星的天体。彗星是一种长着“尾巴”的明亮天体，有时人们用肉眼就能看见它们划过夜空。这些看似美丽的星体和行星、小行星一样，都是自然天体。而且，很多彗星和小行星都是绕着太阳公转，是太阳系的一分子。

小行星与小行星带

太阳系内除了太阳和八大行星以及各自的卫星，还存在数量众多的小行星。小行星是和行星一样，围绕着太阳进行圆周运动，但是在体积和质量上都比行星小得多的天体。

小行星带

小行星主要分布在太阳系内，木星和火星轨道之间是小行星密集分布的区域，目前98.5%的小行星都是在这里被发现的，因此这里被称为“小行星带”。如此多的小行星聚集在这里形成了小行星带，除了太阳的引力作用，太阳系第一大行星——木星由于其巨大的引力，也发挥着重要的作用。

▼ 木星和火星之间的小行星带

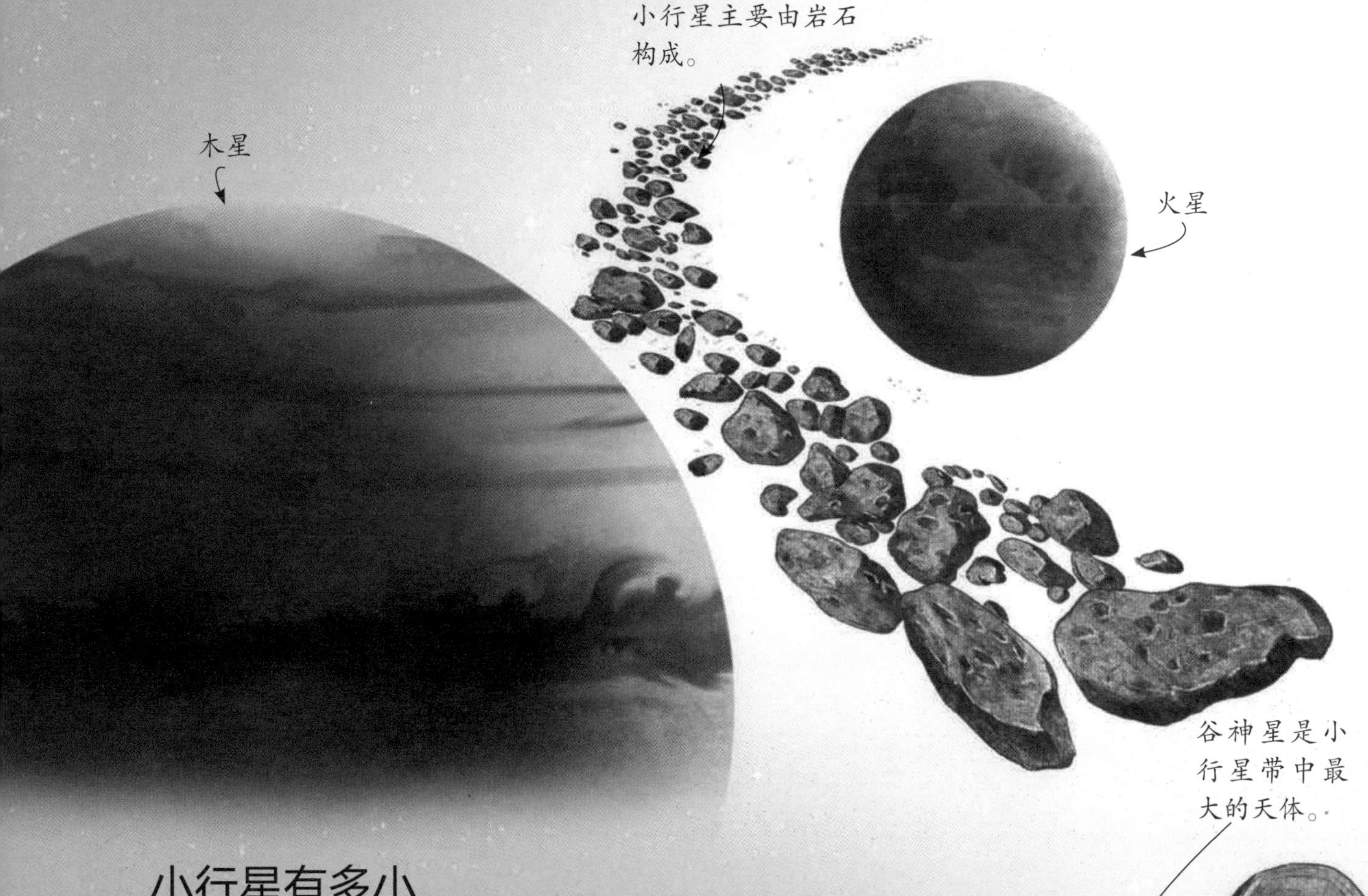

谷神星是小行星带中最大的天体。

小行星有多小

小行星的体积普遍很小，但也有一些较大的小行星，如智神星、灶神星。它们的平均直径都超过400千米，再加上直径约950千米的、主带内唯一的一颗矮行星——谷神星，其余的小行星都非常小。最小的小行星直径仅有几毫米，甚至更小的就像尘埃一样微小。

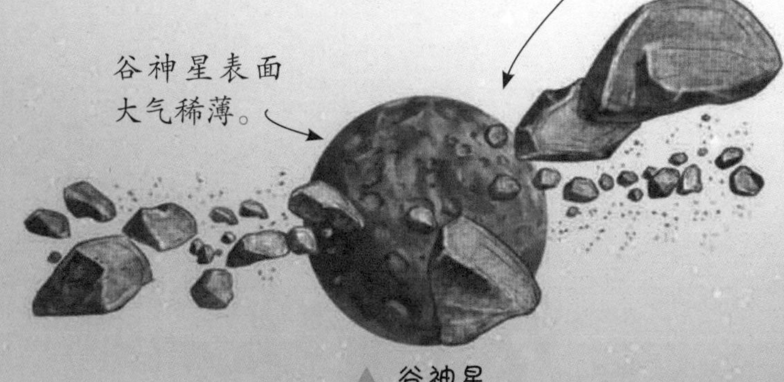

▲ 谷神星

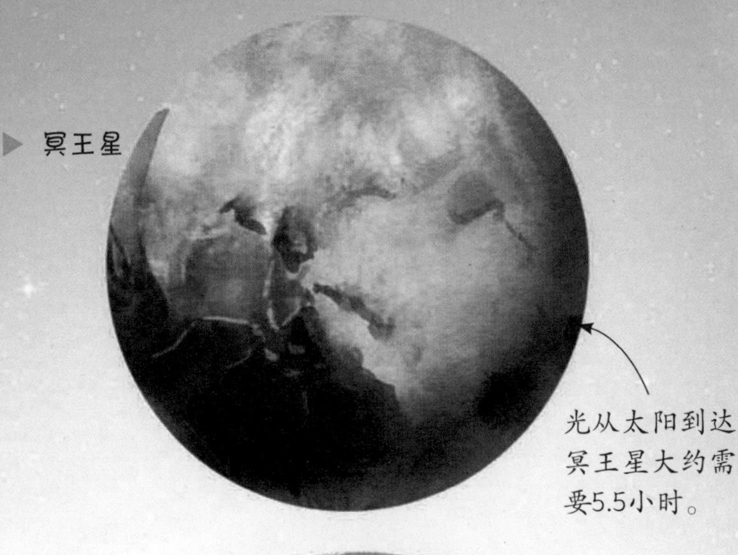

谷神星

谷神星是小行星带中体积最大的天体，而且它曾是人类发现的第一颗小行星。但是，它现在已不再被列入小行星的范畴，而是升格为“矮行星”——它是最小的矮行星，直径大约有 950 千米。尽管如此，在此之前，它已经是小行星带中最大的天体了。

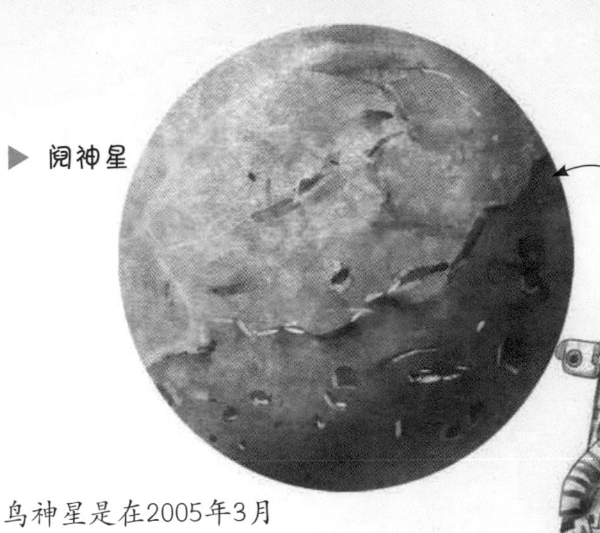

阋神星在所有直接围绕太阳运行的天体中质量排名第9。

▼ 谷神星

鸟神星是在2005年3月31日被发现的。

▶ 鸟神星

▼ 卡戎星

妊神星是一个高速自转的三轴椭球体。

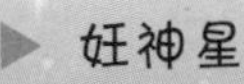

矮行星

矮行星又被称为“侏儒行星”。它们的特点是：体积介于行星和小行星之间，围绕太阳运转，通过自身引力而形成球形，却没有清空所在轨道上的其他天体，同时也不是卫星。2006 年被从“九大行星”中除名的冥王星，也是一颗矮行星。

小行星的形成

小行星是如何形成的呢？科学家分析：在太阳系形成的初期，一些围绕着太阳旋转的岩石和尘埃聚集在一起，形成了大行星，而剩下的那些碎片在木星强大的引力下无法与其他正在成长的行星结合，最终形成了现在的小行星带。

破碎的大行星

科学家推测：在木星和火星之间原本可能存在一颗大行星，但由于不断受到其他小行星的撞击，大行星的主体破碎崩裂，最后形成了一群小行星。但这种说法也存在疑点，因为从这些小行星各自的特征来看，它们并不像曾经是一个整体。

“巨无霸邻居”

有的天文学家推测：小行星带从来都没有形成过一个单独的天体，这是因为附近有一个巨无霸星体——木星。在太阳系形成时，木星的质量增长最快，它的存在阻止了在木星和火星之间的区域形成另一颗大行星。在木星引力的干扰下，小行星带中残存的岩石和尘埃不断地碰撞和破碎，逐渐形成了现在的小行星带。

▼ 科学家的假想

太阳系起源的秘密

关于小行星的形成，现在还是一个谜。不过天文学家们对研究小行星充满了热情，因为小行星的历史非常久远，可能保留了太阳系行星形成初期的信息。因此，研究小行星的起源对研究太阳系起源具有重要意义。

▲ 小行星

小行星的物质组成

美国国家航空航天局通过对小行星的陨石成分和光谱分析，将大多数小行星分成了 3 种类型：第一种是“硅质”小行星，这种小行星内有一个石质硅层包围的铁镍内核，大概有 15% 的小行星属于此类；第二种是“金属质”小行星，主要成分是铁和镍，大约有 10% 的小行星属于此类；第三种是“碳质”小行星，数量最多，约占 75%，它们含有丰富的碳。这一点也是人们否定“大行星破碎说”的一个证据：由于成分差异如此之大，这些小行星自然不可能是同一颗大行星破碎后的残骸。

小行星的命名

目前在各类天体中，小行星是唯一可以由发现者进行命名并得到世界公认的天体。小行星的名字有女神的名字、人名、地名、花名、机构名等，可谓五花八门。

▲ 谷神星

▲ 皮亚齐

以谁之名

1801 年，皮亚齐发现了第一颗小行星，并给它命名为“谷神星”。自那时起，人们开始用古罗马和古希腊的神的名字对小行星进行命名。但是，因为小行星数量太多，传统神话中的名字数量无法满足小行星命名的巨大需求，便开始出现被发现者随意赋予名字的情况。这种情况下很容易出现重复、毫无逻辑的名字。后来，小行星命名逐渐规范起来，专家将命名范围扩充到著名的人物、城市等。如今，小行星的命名由国际小行星命名委员会统一管理，发现者可以向委员会提出建议名称。

命名的流程

小行星命名已经形成了一套规范的流程。当天文学家们观测到一颗小行星后，如果无法马上确定这颗小行星是否曾经被发现过，他们会先给它一个临时编号。一旦确认这是一颗新的小行星，它就会获得一个国际统一格式的“暂定编号”。当一颗小行星至少被回归中心观测到 4 次，并且可以计算出它的运行轨道参数时，它将获得国际小行星中心给予的“永久编号”。

▼ 国际小行星中心为小行星命名

谁发现谁起名

小行星的名字由两个部分组成，即永久编号和名字。发现者可以为这颗小行星起一个名字。因此，小行星的命名已经成为发现者表达自己意志的一种形式，大部分的小行星名字都体现了对特定的人物、地点、组织或事件的纪念。所有小行星的命名都需要经过国际小行星中心和国际小行星命名委员会审议通过后，才能成为这颗小行星的永久名称。

政治家、军事人物的名字以及政治、军事事件的名称必须在其逝世或事件发生100年以后才能用作小行星的名字。

1000 的倍数有玄机

现在的小行星命名还有一个惯例：编号是 1000 倍数的小行星，一般会用重要的人或物来命名。比如，编号 1000 的小行星名字是皮亚齐，以纪念发现第一颗小行星的人；编号为 2000 的小行星叫赫歇尔，赫歇尔有“恒星天文学之父”的美誉；而编号为 8000 的小行星则由物理学大家牛顿冠名。

▼ 牛顿（编号8000）

▼ 赫歇尔（编号2000）

小行星群

绝大部分小行星都分布在火星和木星轨道之间的小行星带中，不过根据距离太阳的远近，小行星们也分成了几个大群体。其中，处于距离太阳 2.17~3.64 个天文单位的空间区域的群体被称为“小行星的主环带”。小行星中也有一些“调皮鬼”会跑到主环带以外。

主带小行星

位于主环带里的小行星名叫“主带小行星”，其中谷神星是最大且仅有的矮行星，它约占整个主环带质量的三分之一。另外，这里大约有 100 万颗主带小行星的直径大于 10 千米，还有大约 2 亿颗小行星的直径大于 1 千米，还有很多只有尘埃大小的小行星聚集在这里。尽管这里的成员众多，但这些行星的总质量也不及地球质量的 5%。

◀ 小行星带

近地小行星

有一群小行星运行轨道的近日点已经深入到内太阳系，有的甚至已经进入了地球的轨道，它们被称为“近地小行星”。根据轨道近日点的距离和半长径的大小，近地小行星又可以分为 3 种：阿莫尔型、阿波罗型和阿登型。阿莫尔型小行星的轨道大多在火星和地球之间；阿波罗型小行星运行轨道比地球稍大，但是有一段和地球轨道非常近，甚至是相交的；阿登型小行星的运行轨道基本在地球轨道之内。

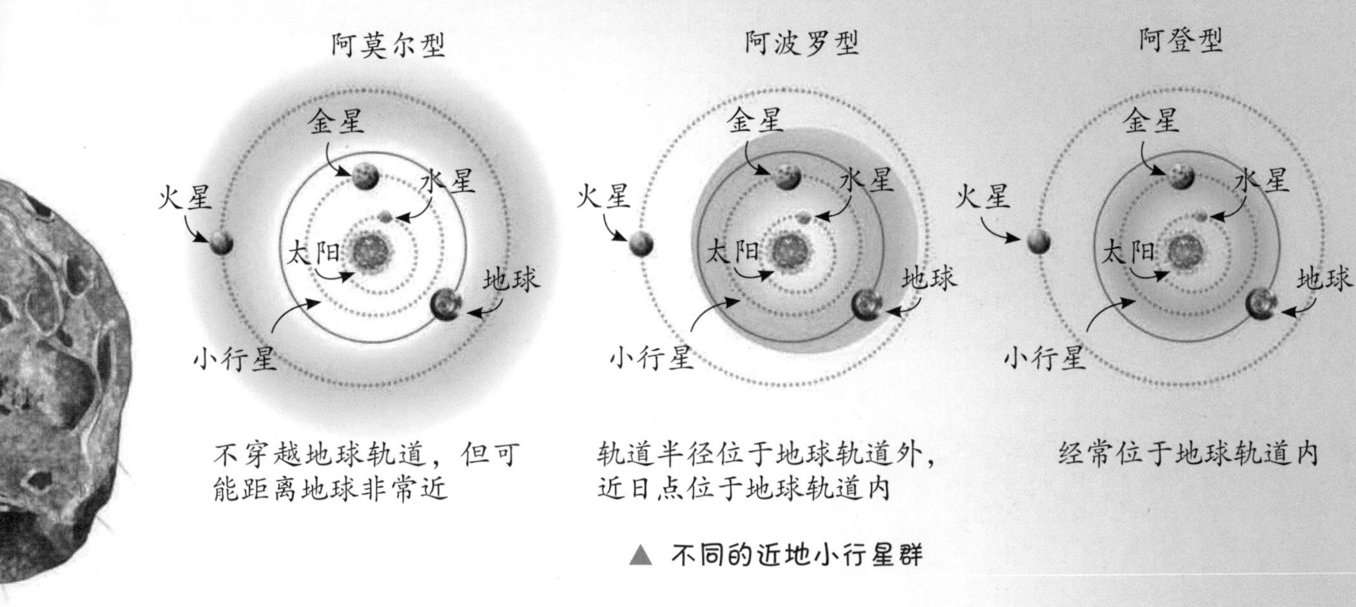

▲ 不同的近地小行星群

潜在的威胁

阿莫尔型、阿波罗型和阿登型这 3 类小行星的轨道与地球轨道相对接近，它们都有与地球近距离接触的机会，所以它们又都被称为“近地小行星”。那么，近地小行星是否有可能撞击地球呢？

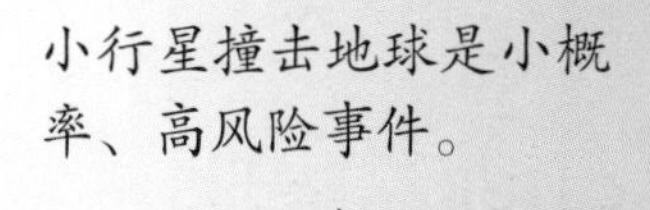

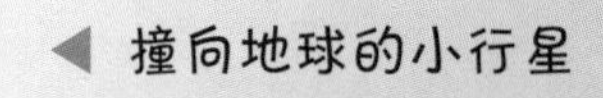

◀ 撞向地球的小行星

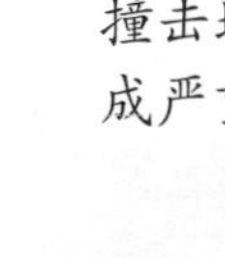

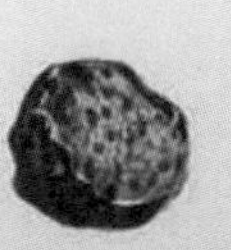

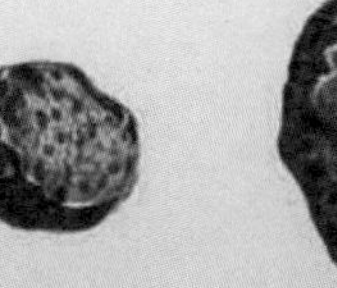

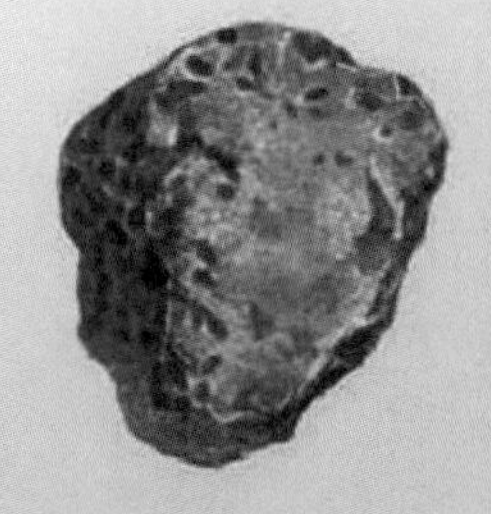

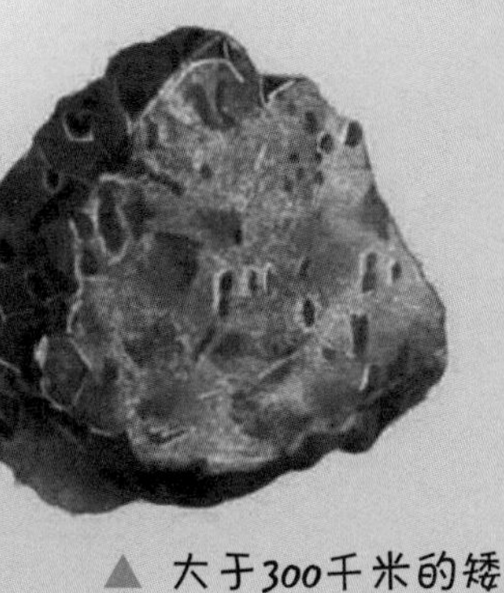

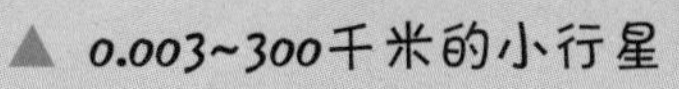

▲ 小于0.003千米的星际尘埃　▲ 0.003~300千米的小行星　▲ 大于300千米的矮行星

小行星撞击地球

随着观测水平的不断提高，所有国家都实时监测着来地球造访的“旅客”。科学家们观测到每年都有小行星安全飞掠地球周围，但大多数小行星不会进入地球轨道。我们的“保护伞”——大气层，会让大部分的小行星在未到达地球前就土崩瓦解。

小行星撞击地球

如果撞击地球的是体积较大的小行星，就会造成大规模的破坏。根据研究，撞击天体的小行星直径每增加 10 倍，爆炸威力就会增加至少 1000 倍。比如：一颗直径超过 140 米的小行星撞击地球，就会造成一场区域性的灾难；而如果是一颗直径 1000 米以上的小行星撞击地球，那么就会带来全球性的灾难。据推测，约 6500 万年前，一颗小行星撞击地球，直接导致了包括恐龙在内的大批生物灭绝。

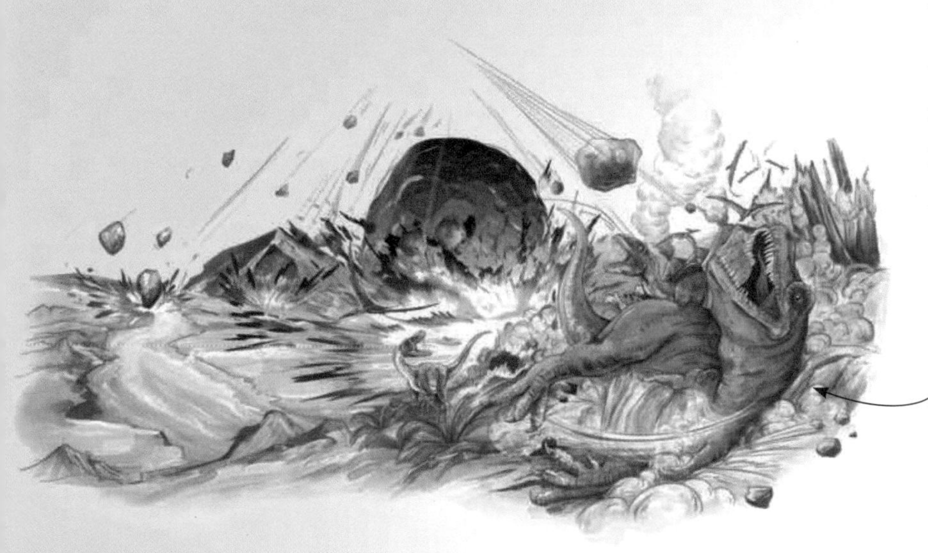

小行星的撞击给恐龙等史前生物带来了灭顶之灾。

通古斯大爆炸

人类出现之后，最著名的小行星撞击地球事件就是发生在 1908 年俄罗斯西伯利亚的通古斯大爆炸。一颗直径为 60 米到 70 米的小行星在大气层中爆炸，导致周围 2000 平方千米内的森林被全部烧毁。据说，远隔重洋的英国也监测到了这场爆炸产生的震波。

一颗足够大的小行星可以冲破大气层，撞击地球。

潜在威胁天体

近地天体中，还有一类更为危险的是“潜在威胁天体”。它们距离地球小于750万千米，直径超过150米。这些小天体存在撞击地球的可能性，而一旦撞上，地球上的生命会受到极大影响。

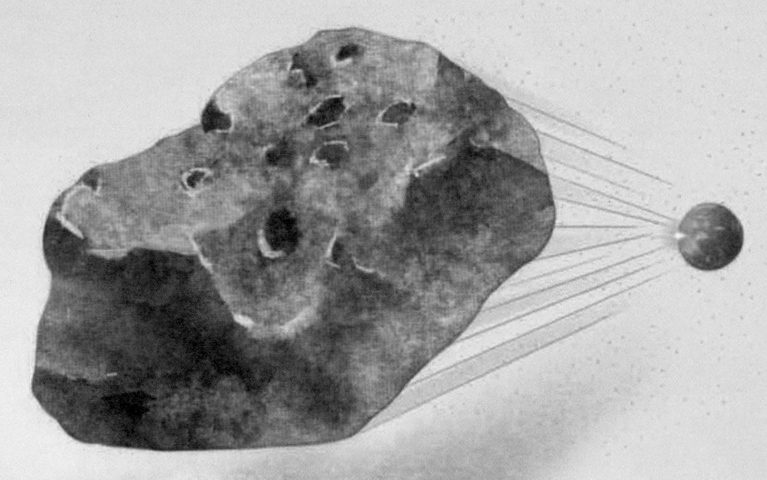

▲ 小行星威胁着地球的安全

▼ 假如小行星撞击地球

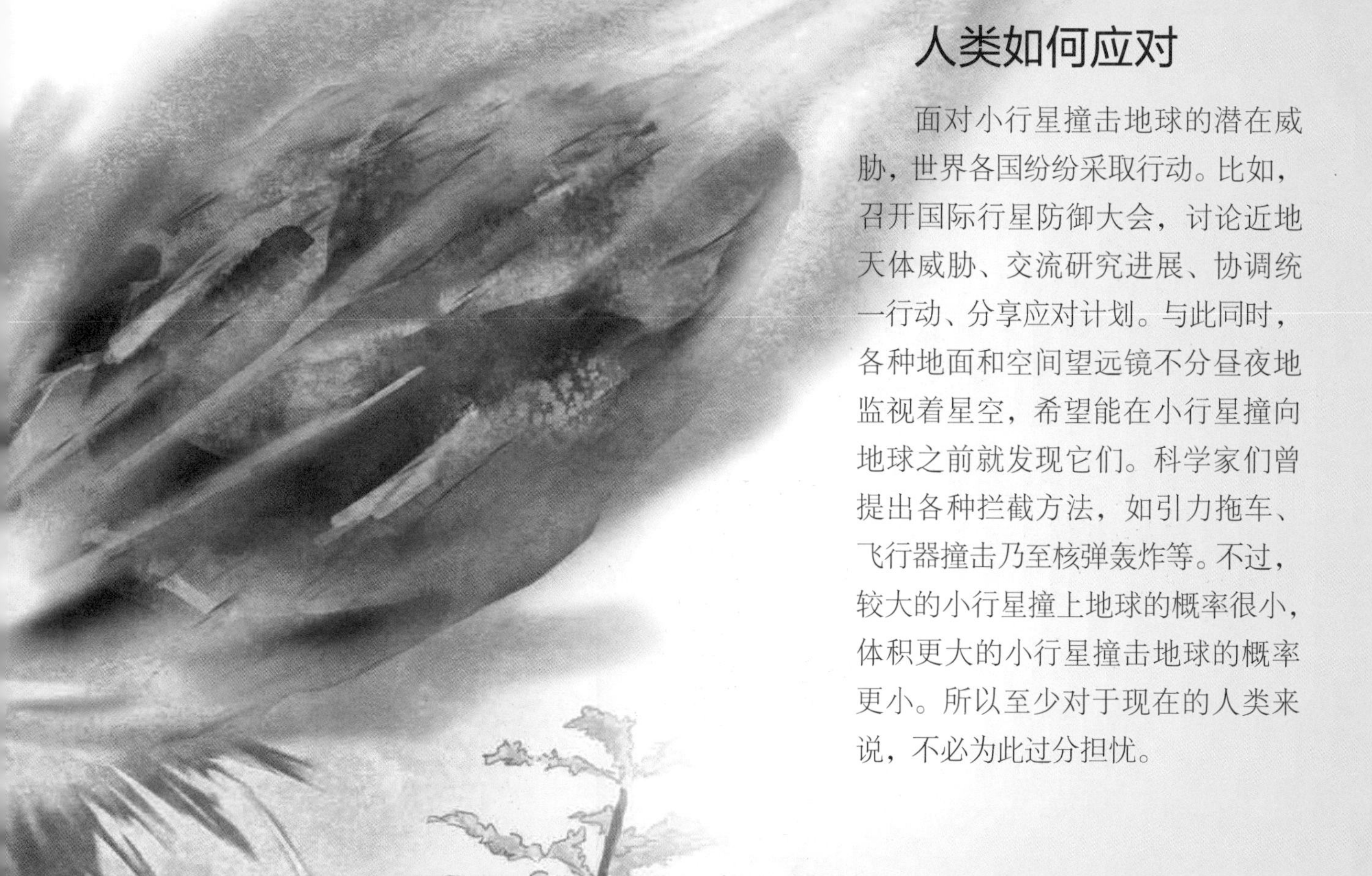

人类如何应对

面对小行星撞击地球的潜在威胁，世界各国纷纷采取行动。比如，召开国际行星防御大会，讨论近地天体威胁、交流研究进展、协调统一行动、分享应对计划。与此同时，各种地面和空间望远镜不分昼夜地监视着星空，希望能在小行星撞向地球之前就发现它们。科学家们曾提出各种拦截方法，如引力拖车、飞行器撞击乃至核弹轰炸等。不过，较大的小行星撞上地球的概率很小，体积更大的小行星撞击地球的概率更小。所以至少对于现在的人类来说，不必为此过分担忧。

彗星的构造

彗星是太阳系中天体的一种，它围绕太阳旋转，拥有细长或偶尔不规则的轨道。彗星的体型看起来十分庞大，但是其实并非如此。彗星一般由 3 个部分组成，分别是彗核、彗发和彗尾。

彗核

彗核是彗星最主要的部分，它是由雪、冰、岩石和尘埃组成的。不同彗星的彗核成分比例可能会不一样，有些彗星尘埃的比例可能较大。大多数彗核的形状不规则，直径大小也不同，小的几百米，大的十几千米，也有部分彗星的彗核直径达几十千米。

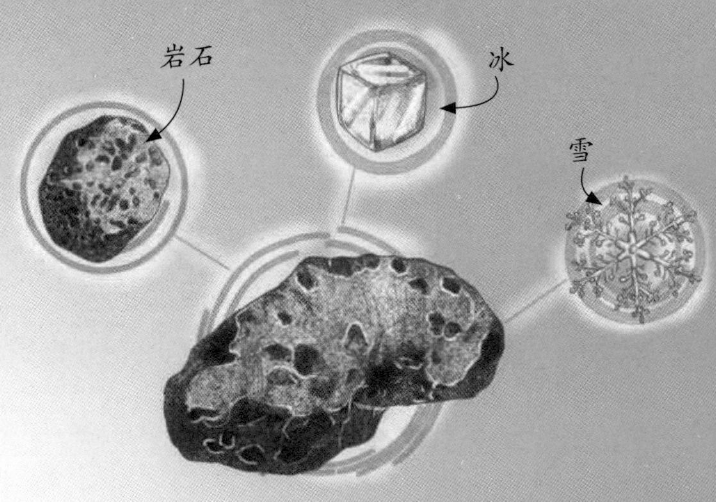

▲ 彗核的结构（局部）

彗发

当彗核运行在临近太阳系或太阳附近空间时，彗发开始形成，将彗核包裹在内部。在热量的作用下，彗核的一部分固体变成了气体，这就是彗发。彗发的主要成分是水、气体和尘埃，其中氧气和水在彗发中占的比例很大。彗发的形状和大小与离太阳的距离有关，一般来说，离太阳越近，彗发就越亮越大，有的彗发直径可达数十万千米。

多拿提彗星

1858年出现的彗星多拿提有3条尾巴，长约8800万千米。此外，还出现了几条细长的、在天空中缓慢移动的射线，人们有3个多月的时间都能看见它。

▲ 彗星划过夜空

彗尾

位于彗星尾部，较为明亮的延伸部分被称为“彗尾”。彗尾有尘尾和气尾两种类型。尘埃可以反射光线，使得尘尾十分明亮；电离气体可以自己发出蓝色的光，因此气尾也十分明亮。一颗彗星的彗尾可以有多条，它们长短不一，最长的能达到几亿千米，有的彗星也可能没有彗尾。一般彗星彗尾的长度在1000万千米到1.5亿千米之间，有的彗尾特别长，能超过3亿千米。

彗星的轨道

彗星的轨道与行星的轨道差别很大，它可能是一个极扁的椭圆，也可能是抛物线或双曲线。因此，彗星可以分为周期彗星和非周期彗星。

在太阳辐射及太阳风的作用下，越靠近太阳的彗星，彗尾越长。

彗星

周期彗星

周期彗星是指轨道为椭圆形、周而复始地来到太阳附近的彗星。周期彗星又可以分为短周期彗星和长周期彗星。短周期彗星的运行周期小于 200 年，也就是每隔不到 200 年，这颗彗星就会经过太阳附近一次；而长周期彗星的运行周期超过 200 年。

进入太阳系的彗星

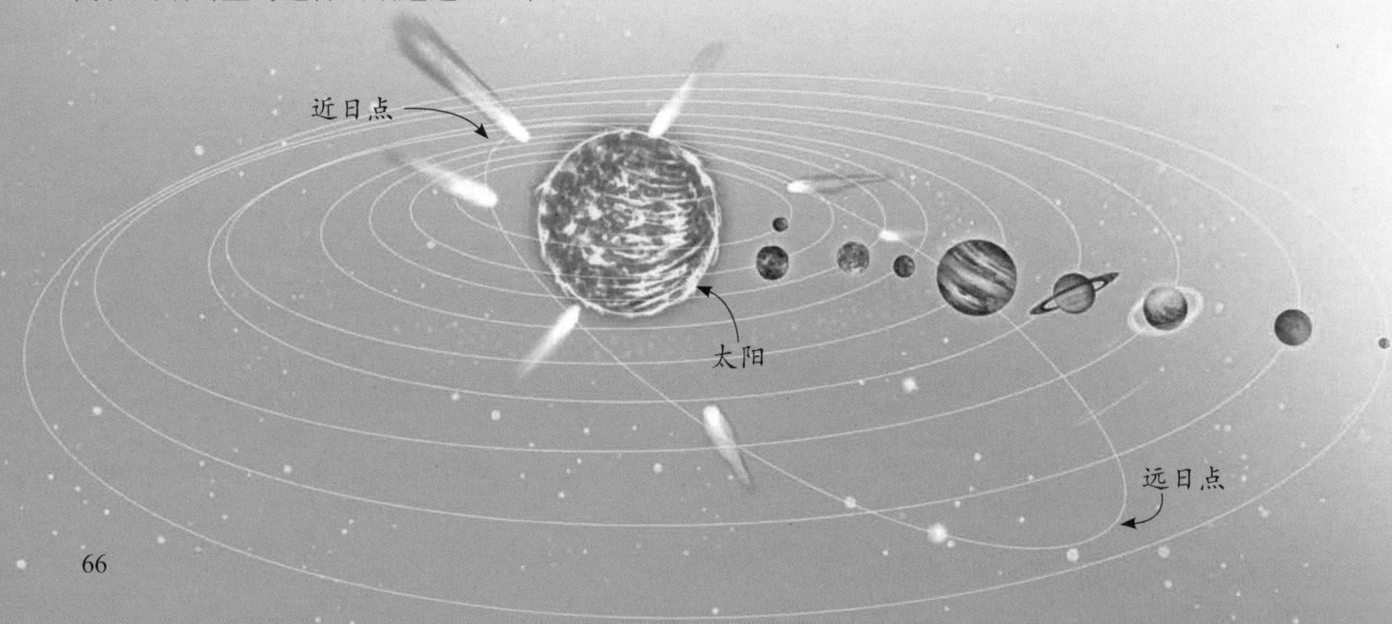

非周期彗星

非周期彗星的轨道是抛物线或双曲线。通常说来，它们来到太阳附近后，一旦过了近日点，就再也不会回来了。现在科学家对于这些非周期彗星有两种猜想：一种是它们可能来自遥远的宇宙空间，偶然间闯入了太阳系，只是从太阳系路过而已，并不能算是太阳系的成员；还有一种可能是，人们计算彗星轨道只是依据对彗星接近太阳的那段轨道的观测，时间很短，也许那些被确定为拥有双曲线或抛物线轨道的彗星，有可能只是偏心率极大、周期极长的椭圆轨道彗星，也可能属于周期彗星。

科学家认为，彗星最终可能会演化成一团黑色的岩石物质，或者可能消散成尘埃。

彗星的运动

彗星不是匀速运动的，越靠近太阳，彗星的运动速度越快；而当远离太阳后，速度会渐渐变慢。我们只有在彗星靠近太阳时才能发现它们，但能看到的也只是发光的彗尾。

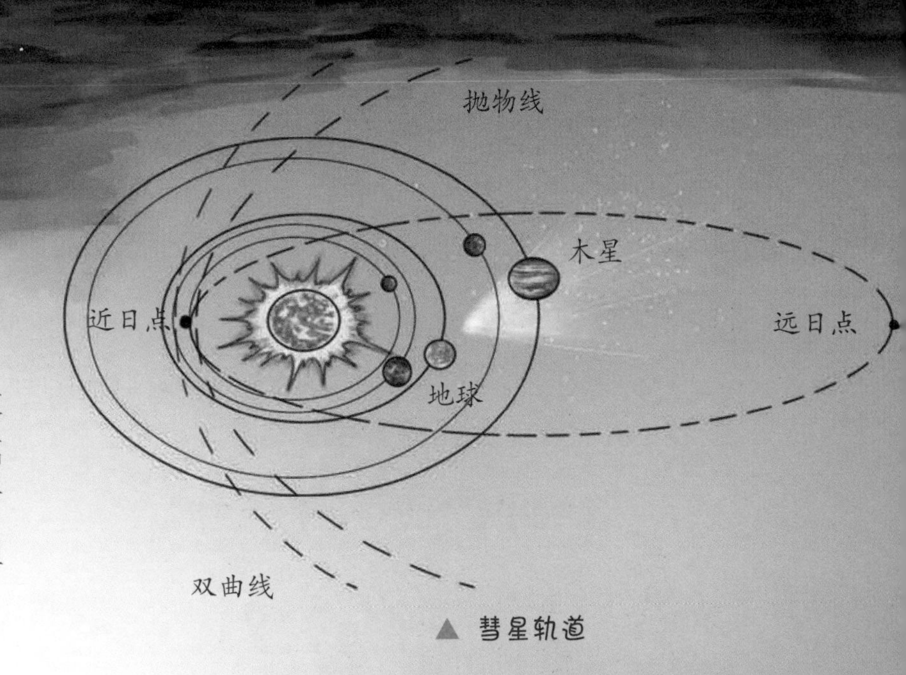

▲ 彗星轨道

周期彗星轨道的大小

已知的周期彗星中，轨道最小的是恩克彗星，它围绕太阳公转一周只需要 3.3 个地球年。从人们在 1786 年发现它以来，恩克彗星已经回归了 50 多次。不过，人们经过计算发现：这颗彗星的轨道是越来越小的，每转一圈，周期就会减少 3 个小时。

▼ 恩克彗星

恩克彗星的轨道是越来越小的。

哈雷彗星

在很久之前，人们认为人类的命运与天上的星象息息相关，尤其是彗星的运动。对于古人来说，星象异常可能预示着未知的灾祸。随着科学的发展，到了 16 世纪前后，人们对彗星的认识逐渐变得理性。其中，人类对哈雷彗星的观测是最具有代表性的。哈雷彗星以发现者哈雷的名字命名，它是第一颗被人类准确预测回归的彗星。

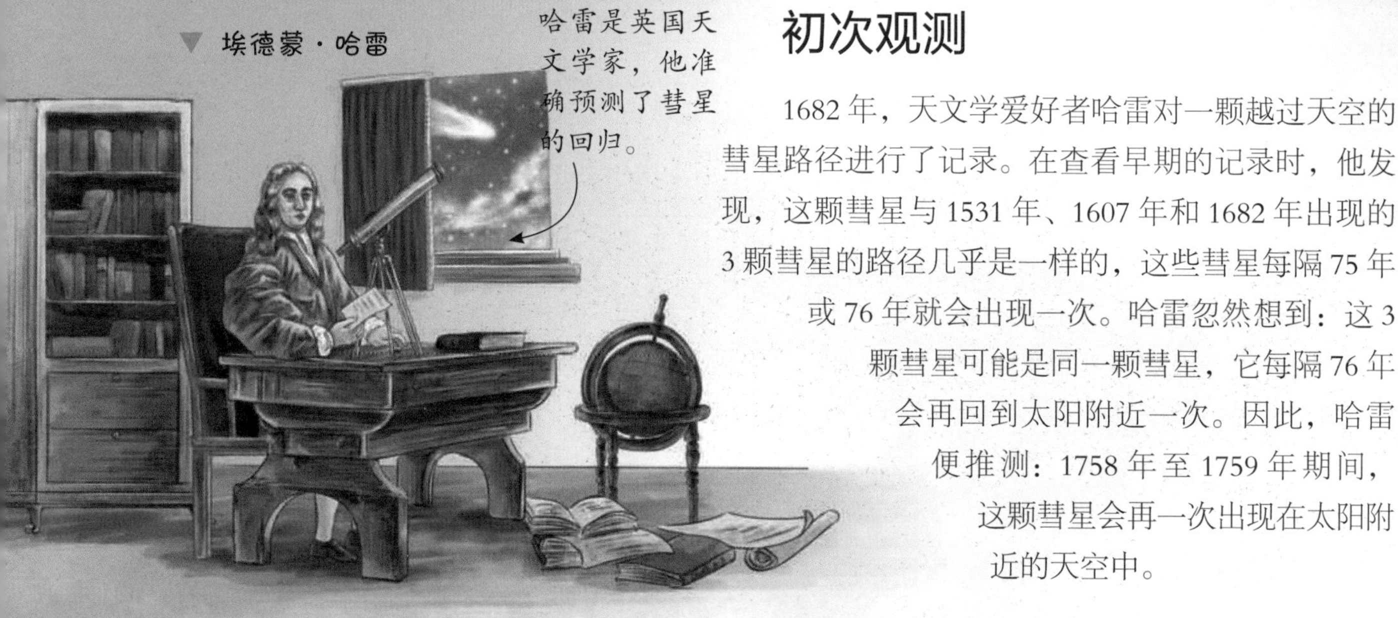

▼ 埃德蒙·哈雷

初次观测

1682 年，天文学爱好者哈雷对一颗越过天空的彗星路径进行了记录。在查看早期的记录时，他发现，这颗彗星与 1531 年、1607 年和 1682 年出现的 3 颗彗星的路径几乎是一样的，这些彗星每隔 75 年或 76 年就会出现一次。哈雷忽然想到：这 3 颗彗星可能是同一颗彗星，它每隔 76 年会再回到太阳附近一次。因此，哈雷便推测：1758 年至 1759 年期间，这颗彗星会再一次出现在太阳附近的天空中。

预言成真

遗憾的是，哈雷并没有亲眼见证他的预言成真，因为他在 1742 年就去世了。但是 16 年后，人们在 1758 年底再次看见了这颗彗星。从那时起，这颗特殊的彗星被称为“哈雷彗星”，后来它又分别在 1832 年、1910 年和 1986 年如期而至。

▼ 不同地区的人们都曾见过哈雷彗星

当今最著名的彗星

哈雷彗星是当今最著名的彗星。对于我们人类来说，哈雷彗星是唯一能用裸眼直接从地球看见的短周期彗星，也是人一生中唯一可以用肉眼看见两次的彗星。哈雷彗星上一次回归是在 1986 年，而下一次回归将大约在 2061 年。

哈雷彗星每绕太阳一周，直径就会变小一些。

▲ 哈雷彗星

哈雷彗星在中国古代被称为“扫帚星”。

彗星——地球的“送水车”

众所周知，地球是一颗蓝色的星球。地球呈现蓝色的原因是其表面覆盖着大量的水。水是生命之源。正是因为地球上拥有大量的液态水，才有了生命繁衍和我们人类的存在。可以说，地球生命的生存是离不开水的。那么，早期地球上的水是从哪里来的呢？对于这个问题，现在科学界存在两种假说，其中一种认为地球的水可能是彗星“送”来的。

彗星“送”水来

当地球刚刚形成时，太阳的温度要远高于现在，因此当时地球表面的温度比现在的温度高得多。那时，太阳系还不是特别稳定，经常有不少太阳系边缘地带的天体脱离自己的轨道，飞向内太阳系，其中就有很多携带着大量水和冰的彗星，它们撞向地球，大量的水和冰也因此留在了地球上。

▲ 彗星撞击地球

▼ 为地球带来水源的彗星

聚水成海洋

这时候的地球是一个温暖的星球。这些彗星的水和冰一部分降落到地面成为液态水，一部分留在了大气层形成雨层。最后，雨层中的水汽以降水的形式回到地面，慢慢在地球上形成了良性的水循环。一颗颗彗星就好像一辆辆运水车，它们从太阳系边缘向地球飞来的同时，也将大量的水送到了地球上。久而久之，地球表面的水也就越聚越多，最终形成了现在的海洋。

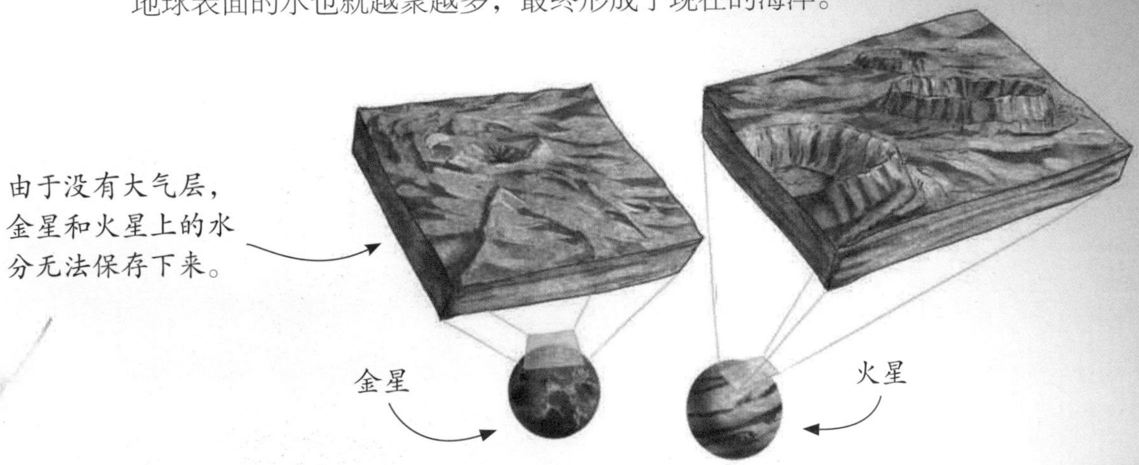

由于没有大气层，金星和火星上的水分无法保存下来。

金星

火星

金星和火星

这些早期进入内太阳系的彗星不可能只撞击了地球，也可能撞击过附近的其他行星，比如金星、火星。因此，有些科学家认为早期的金星和火星很可能也存在过液态海洋，只是后来因为种种原因，比如大气层过于稀薄，液态水才流失了，所以现在这两颗行星上才毫无生命迹象。

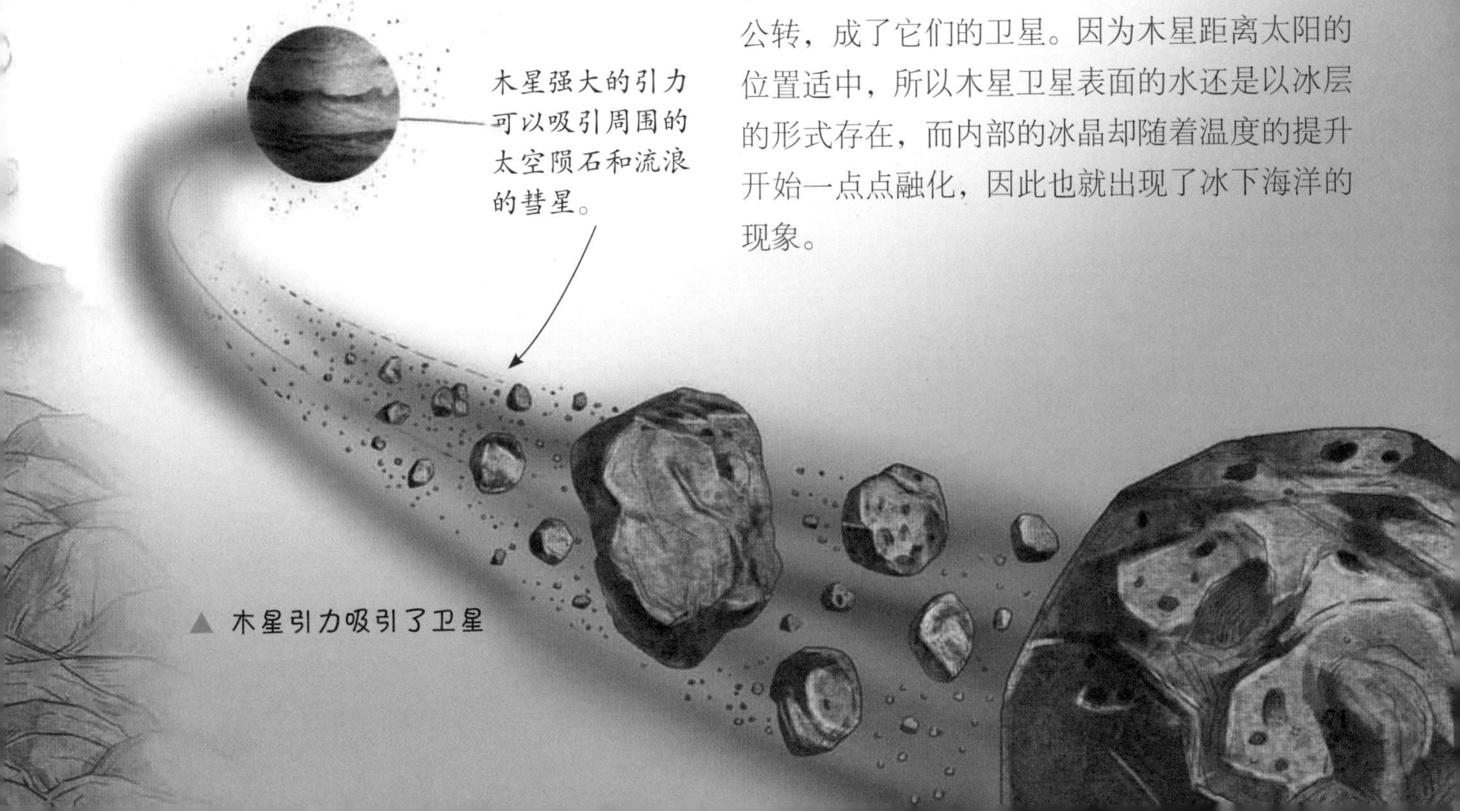

木星强大的引力可以吸引周围的太空陨石和流浪的彗星。

▲ 木星引力吸引了卫星

“送”水的彗星变成了卫星

除了地球，木星和土星的好几颗卫星的表面也存在有大量的水，不过基本都是固态的，也就是冰。科学家猜测：现在土星和木星的一些水资源十分丰富的卫星，可能是早期进入内太阳系的彗星，在经过木星和土星附近的时候，被这两颗行星强大的引力吸引，开始围绕它们公转，成了它们的卫星。因为木星距离太阳的位置适中，所以木星卫星表面的水还是以冰层的形式存在，而内部的冰晶却随着温度的提升开始一点点融化，因此也就出现了冰下海洋的现象。

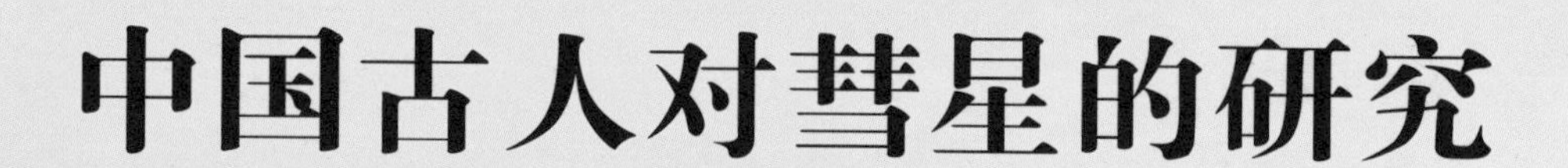

中国古人对彗星的研究

中国是世界上天文学发展较早的国家之一。在世界天文学史上，中国拥有最早、最完整的彗星记录，其中包括著名的哈雷彗星。此外，中国的古人还对彗尾的成因进行了分析，甚至观测到了彗核的分裂现象。这在没有精密观测仪器的古代是难以想象的。

世界最早的哈雷彗星记录

我国史书上详细地记载了哈雷彗星的出没。《春秋》记载：“（前 613 年）秋七月，有星孛入于北斗。”这是关于哈雷彗星最早的记载。据统计，从殷商到清末，中国对彗星的记录有 500 次以上。

最早的彗星图

1973 年，人们在湖南长沙马王堆出土的西汉初年的帛书中发现了一幅星图，上面画了几十种彗星图像，其中一些图甚至将彗星的结构都画出来了。这显然是古代中国天文学家长期观测彗星的成果。

▶ 西汉帛书中的彗星图像

最早对彗尾的研究

中国南北朝时期，天文学家对彗尾的成因进行了分析。《晋书·天文志》中记载："彗体无光，傅日而为光。"这表明我国古代的天文学家已经正确地认识到了彗尾的成因。

▶ 中国古代天文学家研究彗尾

史官记录说：彗星的本体不发光，靠近了太阳才会发光。

彗星的分裂

彗星的分裂是一种比彗星的出现还要罕见的天文现象。然而，根据我国古代的彗星记录，早在1000多年以前，人们就已经注意到了这种现象。《新唐书·天文志》记载："（乾宁）三年十月，有客星三，一大二小，在虚、危间，乍合乍离，相随东行。"3天之后，两颗小星首先消失，经过一段时间，大星也消失了。

马王堆汉墓出土的帛书是世界上关于彗星形态最早的著作。

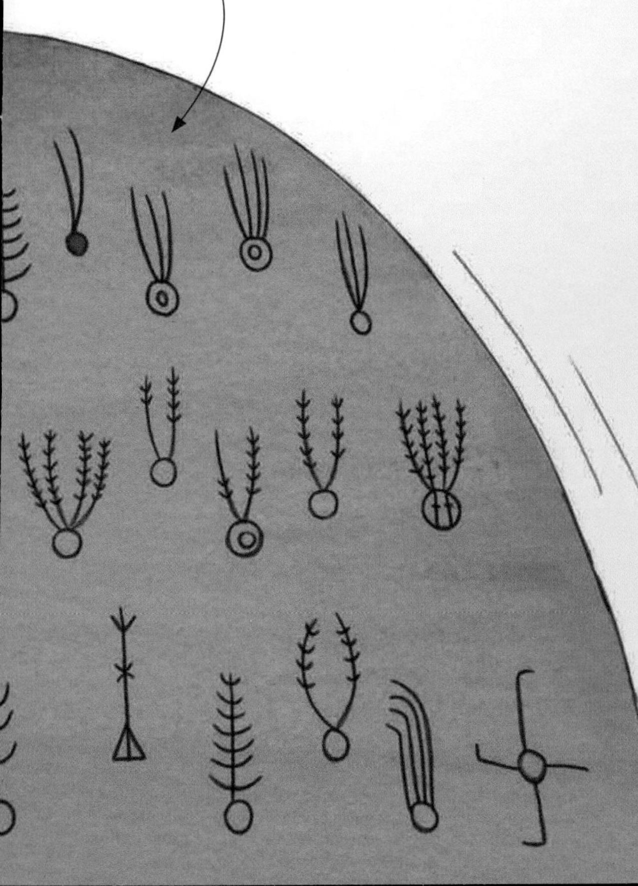

▼ 唐朝人曾观测到了彗星分裂